看漫画学C++

有趣、有料、好玩、好用（全彩入门版）

关东升 著 赵大羽 绘

電子工業出版社
Publishing House of Electronics Industry
北京•BEIJING

内容简介

C++，简单而强大，已经渗透到计算机领域的各个角落，甚至有很多中小学也开始引入C++编程课程。

本书秉承有趣、有料、好玩、好用的理念，通过精心设计的漫画，生动而有趣地讲解C++编程知识。本书总计14章：第1章带领读者编写第一个C++程序，初探C++编程的乐趣；第2章讲解C++的语法基础，帮助读者建立坚实的编程基础；第3章深入研究C++中的基本数据类型，帮助读者更好地理解不同数据类型的特点和转换；第4章引导读者探索C++中的运算符，使读者能够进行各种数学和逻辑运算；第5章讲解判断语句，可提高程序的决策智能；第6章讲解循环语句，使程序更加灵活；第7章探究数组的用法，实现对相同类型数据的管理；第8章讲解如何操作字符串，这是许多应用的关键组成部分；第9章深入探讨指针类型，这是C++中的重要概念；第10章讲解如何在C++中自定义数据类型，涉及枚举、结构体和联合；第11章讲解如何在C++中自定义函数，使代码模块化且提升可重用性；第12章讲解C++中的向量类型，它在开源代码中被大量使用；第13章讲解C++面向对象的基础知识，涉及对象和类的概念、面向对象的基本特征、类的声明与定义、构造函数和析构函数；第14章讲解C++面向对象的进阶知识，涉及对象指针、对象的动态创建与销毁、静态成员、封装性、继承性和多态性。本书在每一章中都安排了"练一练"环节，并在附录A中提供了相应的答案，可帮助读者巩固所学知识。

无论您是想入门C++，还是想参加信息学竞赛，抑或是想从事C++软件开发工作，本书都是您的理想选择。它也是一本非常适合广大教学工作者使用的C++入门教材。本书还提供了读者群及配套源码、教学视频、教学课件、勘误等，学习资源非常丰富。让我们一起踏上这充满乐趣的C++编程之旅！

图书在版编目（CIP）数据

看漫画学C++：有趣、有料、好玩、好用：全彩入门版 / 关东升著；赵大羽绘. —北京：电子工业出版社，2024.4
ISBN 978-7-121-47463-7

Ⅰ. ①看… Ⅱ. ①关… ②赵… Ⅲ. ①C++语言—程序设计—通俗读物 Ⅳ. ①TP312.8-49

中国国家版本馆CIP数据核字（2024）第052161号

责任编辑：张国霞
印　　刷：中国电影出版社印刷厂
装　　订：中国电影出版社印刷厂
出版发行：电子工业出版社
　　　　　北京市海淀区万寿路173信箱　　邮编：100036
开　　本：787×980　1/16　印张：13.75　字数：290千字
版　　次：2024年4月第1版
印　　次：2024年4月第1次印刷
印　　数：3000册　定价：100.00元

凡所购买电子工业出版社图书有缺损问题，请向购买书店调换。若书店售缺，请与本社发行部联系，联系及邮购电话：（010）88254888，88258888。

质量投诉请发邮件至zlts@phei.com.cn，盗版侵权举报请发邮件至dbqq@phei.com.cn。

本书咨询联系方式：faq@phei.com.cn。

前言

随着计算机技术的迅猛发展，越来越多的人，无论是大学生还是中小学生，都对C++这门编程语言产生了浓厚的兴趣。C++已经成为许多人职业生涯的起点，也为许多学子开启了通向信息科技领域的大门。本书致力于帮助各年龄层的学习者轻松、有趣地掌握C++编程的基础知识。

我们深知，学习编程语言可能让一些人感到困惑，尤其是那些初次接触编程的人。然而，编程不应该令人畏惧。它可以是一场充满乐趣和创造力的冒险，就如同阅读一本引人入胜的漫画书一般。这便是创作本书的灵感来源：将C++编程知识与漫画相结合，创作一本有趣且易懂的C++编程入门书。

不仅是学生，就业市场对C++编程专业知识的需求也日益增长。C++已经成为众多计算机科学和工程领域的重要语言，在游戏开发、嵌入式系统设计及科学计算等领域，C++都扮演着重要的角色。本书有趣、有料、好玩、好用，可帮助读者轻松掌握C++的基础知识，无论读者是出于兴趣，还是为了有更好的就业前景。

我们特别注重全彩插图和富有趣味性的故事情节，以激发学生的学习兴趣。本书力求在轻松的氛围中让读者享受编程的乐趣，并提供丰富的实例和练习，可帮助读者及时巩固所学知识。

本书读者对象

无论您是中小学生、大学生，还是已经步入职场的成年人，本书都将为您打开一扇通往C++编程世界的大门。在这次的编程探险中，您将发现学习C++编程并不枯燥、并不难，而是有趣且充满成就感的，可为自己的职业生涯带来无限的机遇。我们坚信，通过学习本书，您将轻松掌握C++编程入门的精髓，享受到C++编程所带来的乐趣，为未来的成功打下坚实的基础。

相关资源

为了更好地为广大读者提供服务，我们为本书提供了读者群及配套源码、教学视频、教学课件、勘误等，读者可通过本书封底的“读者服务”获取这些资源。

致谢

在此感谢电子工业出版社的张国霞编辑，她在本书编写过程中给予我们指导与鞭策。感谢赵大羽老师手绘了书中全部漫画和图解等。感谢赵静仪为书中漫画提供灵感和创意。感谢智捷团队的赵志荣、关锦华参与本书的部分编写工作。感谢电子工业出版社的王乐编辑及参与本书出版工作的所有人员。感谢家人对我们的关心和照顾，使我们能抽出足够的时间，投入全部精力专心创作本书。

由于时间仓促，书中难免存在不妥之处，敬请读者谅解并提出宝贵意见。

关东升　2024年3月于齐齐哈尔

目录

第12章 可大可小的“容器”

第13章 我与“对象”的故事(一)

第14章 我与“对象”的故事（二）

附录A

第1章 哈啰!C++

编写第一个 C++ 程序
——Hello World
C++ 的特点
C++ 的由来
C++ 的前世今生
本章首先讲解C++的由来和特点，然后重点讲解如何编写、编译和运行C++程序，并编写我们的第一个C++程序——Hello World。

1.1 C++的由来

C++由Bjarne Stroustrup（本贾尼·斯特劳斯特卢普）于20世纪80年代初在AT&T贝尔实验室研发并实现，其想法是将C语言改良为带类的C语言。

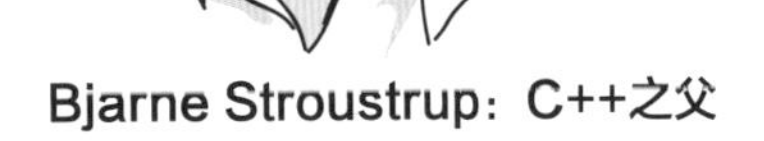

Bjarne Stroustrup：C++之父

之所以将该语言命名为C++，是因为它是C语言的增强版，“+”表示增强。

1.2 C++的特点

C++既可用于面向过程的结构化程序设计，又可用于面向对象的程序设计，是一种功能强大的混合型程序设计语言。

1　C++保持了与C语言的兼容，绝大多数C语言程序可不经修改直接在C++环境中运行，用C语言编写的众多库函数也可用于C++程序中。

2　支持面向对象的程序设计，能提高程序的可重用性和可扩展性，编写的程序更加灵活。

3　静态类型，可以防止运行期错误（即程序在运行时出错）。

1.3 编写第一个C++程序——Hello World

接下来让我们编写第一个C++程序——Hello World。

1.3.1 用记事本编写“Hello World”程序

我们用什么编写C++程序呢?

应该使用IDE工具!但是为了学习和练手，这里建议先使用记事本编写C++程序。

什么是IDE工具?

它是一种集成开发工具，通过它，不仅能编写程序，还能编译和调试程序。IDE工具还有程序管理等功能。

用记事本编写“Hello World”程序的步骤如下。

1 打开记事本并编写程序。在Windows操作系统中打开记事本，在记事本中编写如下图所示的程序，注意不要采用中文全角字符。在其他操作系统中可采用类似的文本编辑工具。

```
#include <iostream>

int main() {
    std::cout << "Hello World" << std::endl;
    return 0;
}
```

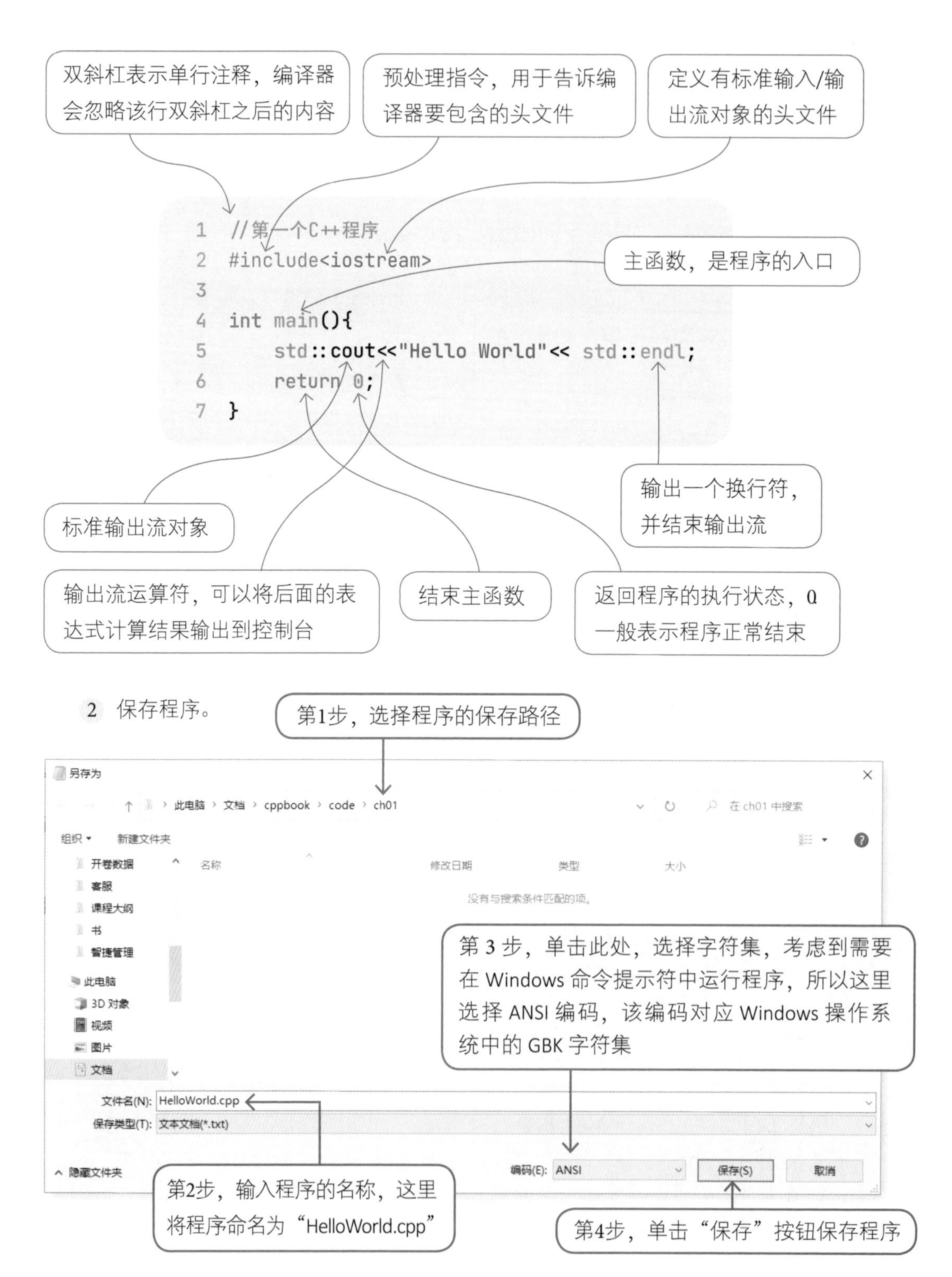
双斜杠表示单行注释，编译器会忽略该行双斜杠之后的内容
预处理指令，用于告诉编译器要包含的头文件
定义有标准输入/输出流对象的头文件
1 //第一个C++程序
2 #include<iostream>
3
4 int main(){
5   std::cout<<"Hello World"<< std::endl;
6   return 0;
7 }
主函数，是程序的入口
标准输出流对象
输出一个换行符，并结束输出流
输出流运算符，可以将后面的表达式计算结果输出到控制台
结束主函数
返回程序的执行状态，0一般表示程序正常结束
2 保存程序。
第1步，选择程序的保存路径
另存为
此电脑 › 文档 › cppbook › code › ch01
在 ch01 中搜索
组织 ▾
新建文件夹
开卷数据
客服
课程大纲
书
智捷管理
此电脑
3D 对象
视频
图片
文档
名称
修改日期
类型
大小
没有与搜索条件匹配的项。
第 3 步，单击此处，选择字符集，考虑到需要在 Windows 命令提示符中运行程序，所以这里选择 ANSI 编码，该编码对应 Windows 操作系统中的 GBK 字符集
文件名(N): HelloWorld.cpp
保存类型(T): 文本文档(*.txt)
隐藏文件夹
编码(E): ANSI
保存(S)
取消
第2步，输入程序的名称，这里将程序命名为“HelloWorld.cpp”
第4步，单击“保存”按钮保存程序

编写好的C++源代码还不可以直接运行，需要先被编译为可执行的机器代码。

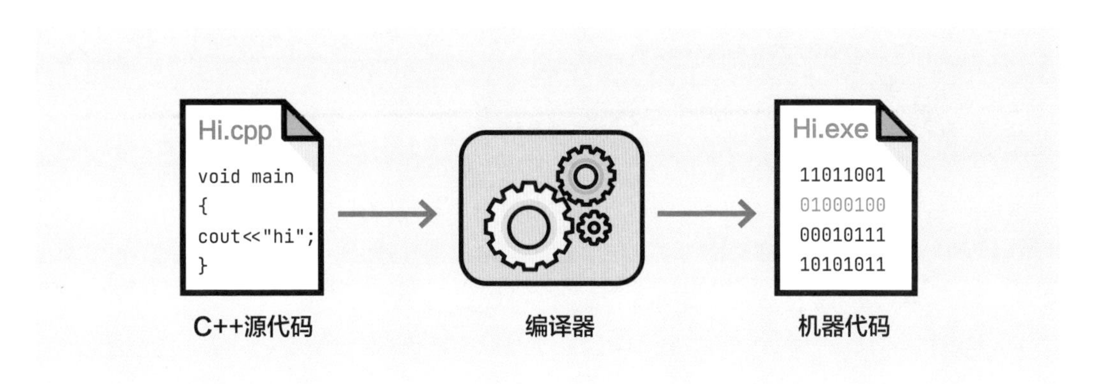

这里使用MinGW提供的C++编译器对C++源代码进行编译。在本书配套工具中提供了该编译器的压缩包文件，即x86_64-8.1.0-release-posix-sjlj-rt_v6-rev0.zip文件，找到后下载即可。

这张图显示了笔者的解压缩目录。

首先，将x86_64-8.1.0-release-posix-sjlj-rt_v6-rev0.zip文件解压缩到一个特定的目录下。

然后，打开“系统属性”对话框，进行环境配置。

小贴士

在Windows 操作系统中可通过快捷键Win+R 打开如右图所示的“运行”对话框（Win 键在键盘左下角Ctrl 键和Alt 键中间，带徽标）。

第1步，在“运行”对话框中输入“sysdm.cpl”

第2步，敲Enter键或单击“确定”按钮，会弹出“系统属性”对话框

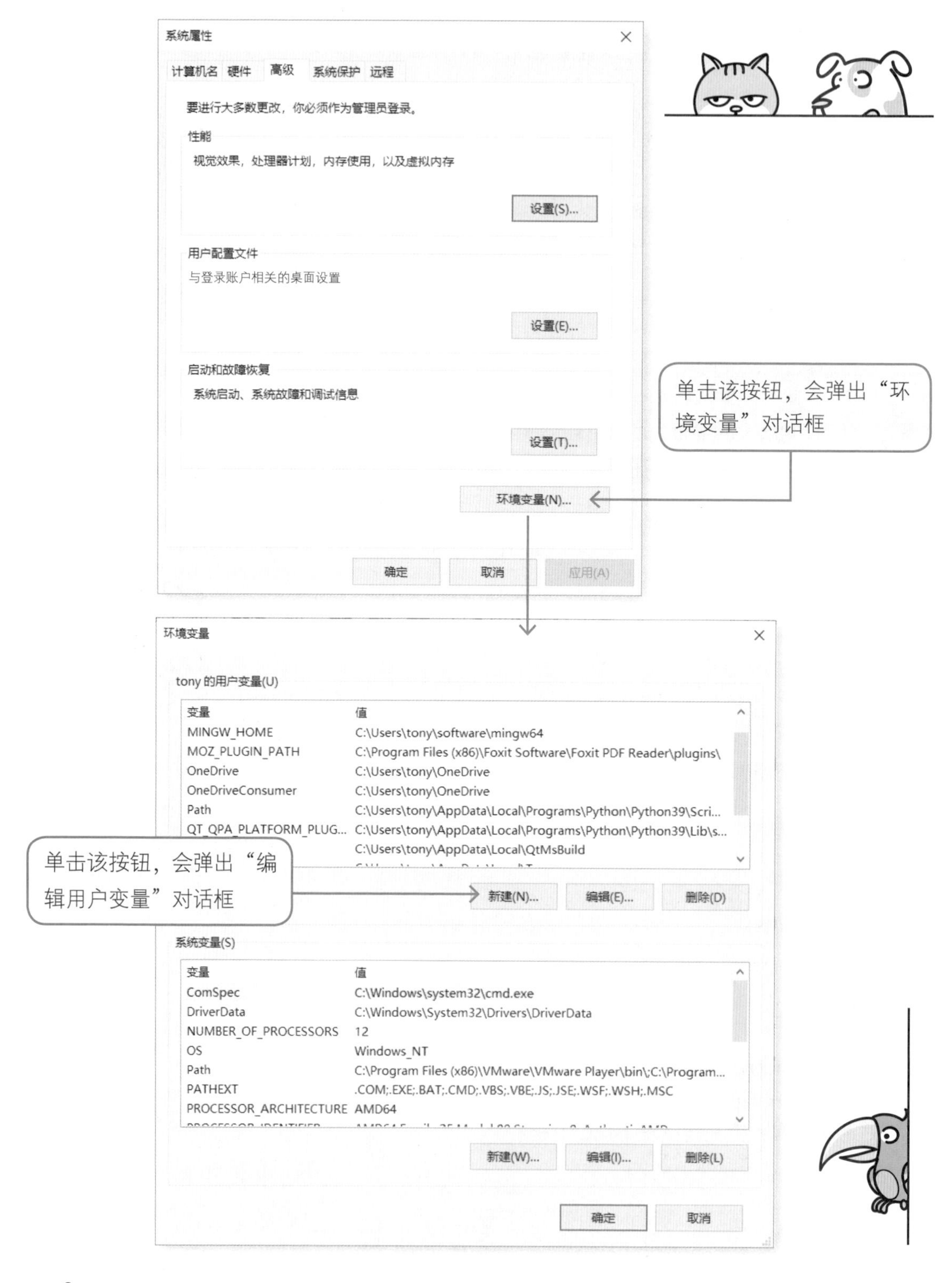
系统属性
计算机名
硬件
高级
系统保护
远程
要进行大多数更改，你必须作为管理员登录。
性能
视觉效果，处理器计划，内存使用，以及虚拟内存
设置(S)...
用户配置文件
与登录账户相关的桌面设置
设置(E)...
启动和故障恢复
系统启动、系统故障和调试信息
设置(T)...
环境变量(N)...
确定
取消
应用(A)
单击该按钮，会弹出“环境变量”对话框
环境变量
tony 的用户变量(U)
变量
值
MINGW_HOME
C:\Users\tony\software\mingw64
MOZ_PLUGIN_PATH
C:\Program Files (x86)\Foxit Software\Foxit PDF Reader\plugins\
OneDrive
C:\Users\tony\OneDrive
OneDriveConsumer
C:\Users\tony\OneDrive
Path
C:\Users\tony\AppData\Local\Programs\Python\Python39\Scri...
QT_QPA_PLATFORM_PLUG...
C:\Users\tony\AppData\Local\Programs\Python\Python39\Lib\s...
C:\Users\tony\AppData\Local\QtMsBuild
单击该按钮，会弹出“编辑用户变量”对话框
新建(N)...
编辑(E)...
删除(D)
系统变量(S)
变量
值
ComSpec
C:\Windows\system32\cmd.exe
DriverData
C:\Windows\System32\Drivers\DriverData
NUMBER_OF_PROCESSORS
12
OS
Windows_NT
Path
C:\Program Files (x86)\VMware\VMware Player\bin\;C:\Program...
PATHEXT
.COM;.EXE;.BAT;.CMD;.VBS;.VBE;.JS;.JSE;.WSF;.WSH;.MSC
PROCESSOR_ARCHITECTURE
AMD64
新建(W)...
编辑(I)...
删除(L)
确定
取消

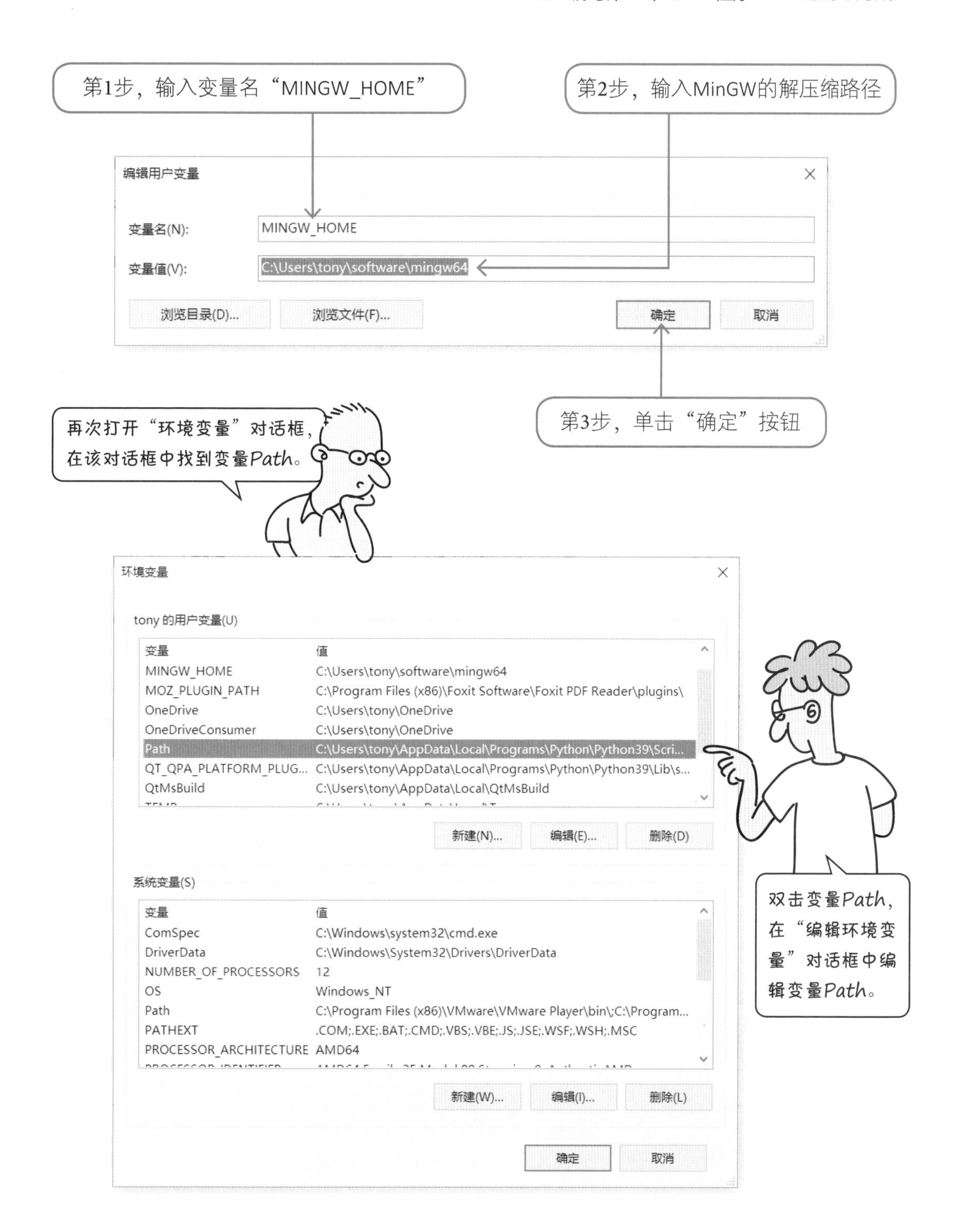
第1步，输入变量名“MINGW_HOME”
第2步，输入MinGW的解压缩路径
编辑用户变量
变量名(N):
MINGW_HOME
变量值(V):
C:\Users\tony\software\mingw64
浏览目录(D)...
浏览文件(F)...
确定
取消
第3步，单击“确定”按钮
再次打开“环境变量”对话框，在该对话框中找到变量Path。
环境变量
tony 的用户变量(U)
变量
值
MINGW_HOME C:\Users\tony\software\mingw64
MOZ_PLUGIN_PATH C:\Program Files (x86)\Foxit Software\Foxit PDF Reader\plugins\
OneDrive C:\Users\tony\OneDrive
OneDriveConsumer C:\Users\tony\OneDrive
Path C:\Users\tony\AppData\Local\Programs\Python\Python39\Scri...
QT_QPA_PLATFORM_PLUG... C:\Users\tony\AppData\Local\Programs\Python\Python39\Lib\s...
QtMsBuild C:\Users\tony\AppData\Local\QtMsBuild
新建(N)...
编辑(E)...
删除(D)
双击变量Path，在“编辑环境变量”对话框中编辑变量Path。
系统变量(S)
变量
值
ComSpec C:\Windows\system32\cmd.exe
DriverData C:\Windows\System32\Drivers\DriverData
NUMBER_OF_PROCESSORS 12
OS Windows_NT
Path C:\Program Files (x86)\VMware\VMware Player\bin\;C:\Program...
PATHEXT .COM;.EXE;.BAT;.CMD;.VBS;.VBE;.JS;.JSE;.WSF;.WSH;.MSC
PROCESSOR_ARCHITECTURE AMD64
新建(W)...
编辑(I)...
删除(L)
确定
取消

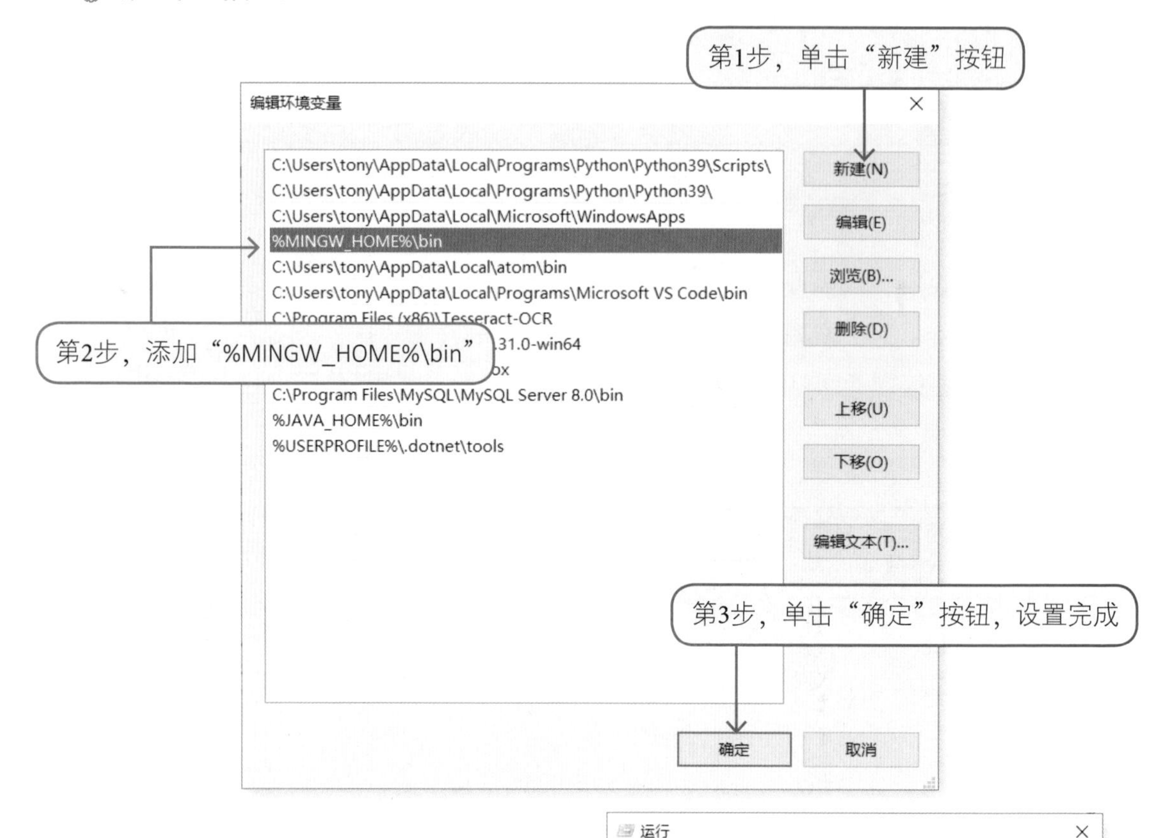

在设置完成后进行测试。通过快捷键 Win+R 打开如右图所示的“运行”对话框，在该对话框中输入“cmd”，单击“确定”按钮即可打开“命令提示符”窗口。在“命令提示符”窗口中输入如下图所示的指令。

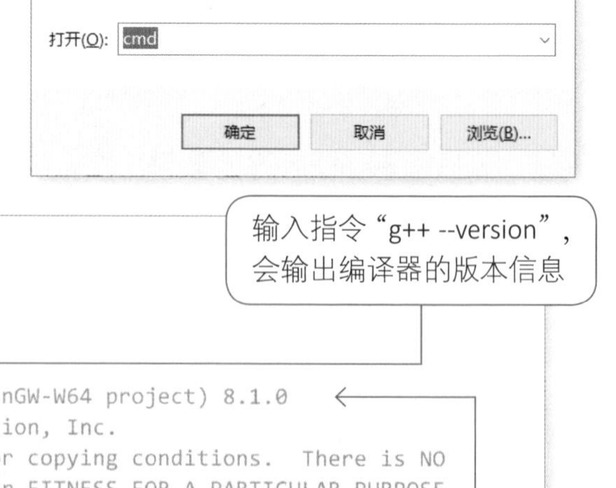


```
命令提示符
Microsoft Windows [版本 10.0.19044.1826]
(c) Microsoft Corporation。保留所有权利。

C:\Users\tony>g++ --version
g++ (x86_64-posix-sjlj-rev0, Built by MinGW-W64 project) 8.1.0
Copyright (C) 2018 Free Software Foundation, Inc.
This is free software; see the source for copying conditions.  There is NO
warranty; not even for MERCHANTABILITY or FITNESS FOR A PARTICULAR PURPOSE.


C:\Users\tony>
```

输入指令“g++ --version”，会输出编译器的版本信息

出现如下信息，说明解释器已安装且配置成功

在设置好编译器之后，就可以编译 C++ 程序了。按照上面的方法打开“命令提示符”窗口，执行编译指令。

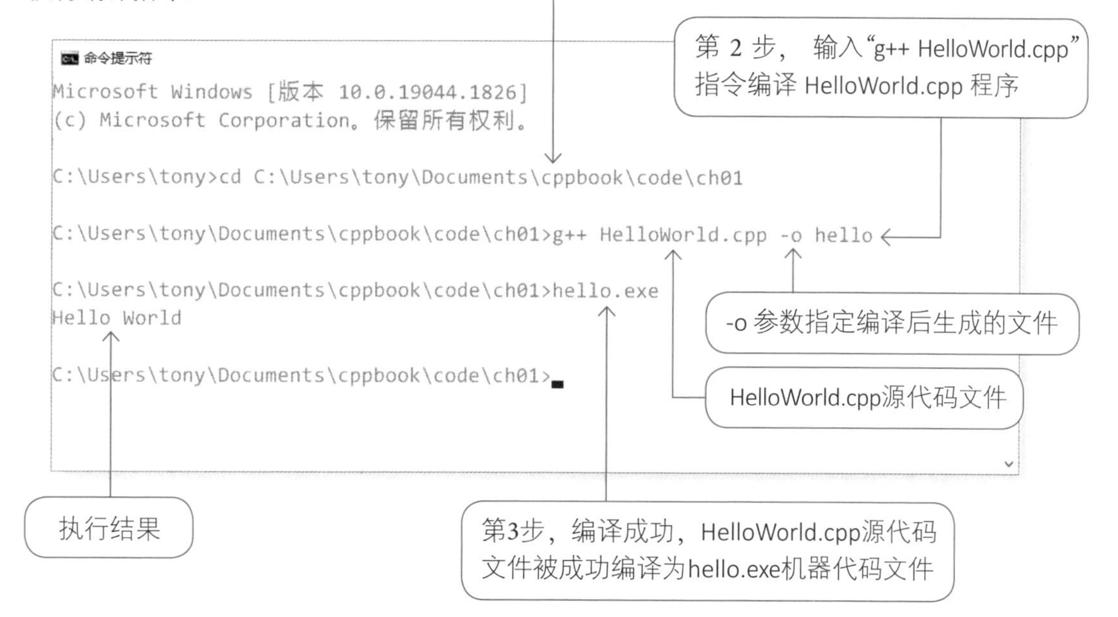

小贴士

编译HelloWorld.cpp程序，就是将HelloWorld.cpp源代码文件编译成可执行的机器代码文件。机器代码文件在Windows操作系统中为.exe文件。

1.3.2 用 IDE 工具编写“Hello World”程序

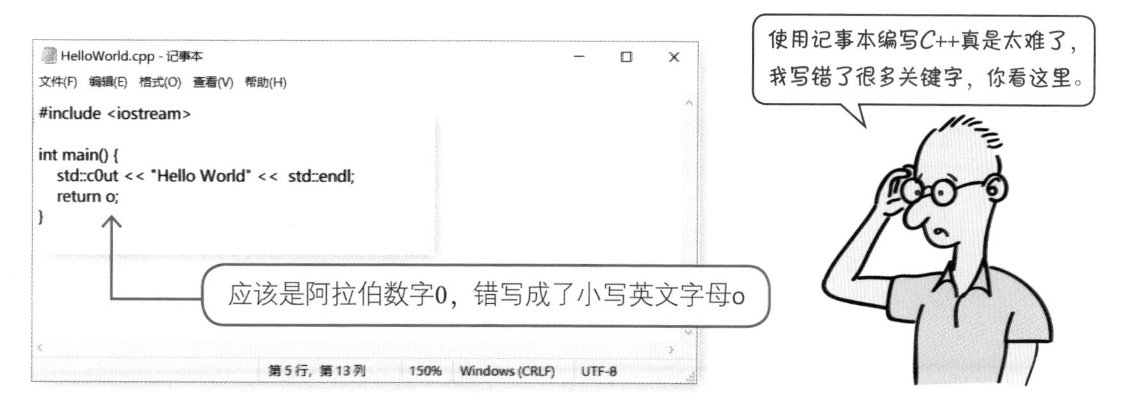

你可以使用IDE（Integrated Development Environments，集成开发环境）工具，IDE工具支持关键字和函数的高亮显示（不同颜色），还支持编译、运行和调试C++程序。

常用的IDE工具如下。

1 Visual Studio：是微软开发的一款 IDE 工具，主要应用于 Windows 操作系统中，用户可根据需求选择和安装多种编程语言的编译环境，比如 C++、C#、VB 等。正因如此，其安装包一般较大，安装时间也较长，但配置第三方依赖库比较容易。

2 Eclipse IDE for C/C++ Developers：是Eclipse基金会支持的一个开源项目，开源、免费、跨平台。

3 Visual Studio Code：是微软开发的免费的跨平台的IDE工具，支持多种编程语言，要想开发C++程序，就需要安装扩展插件。

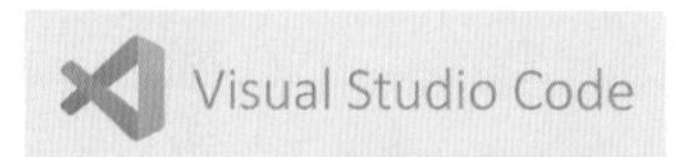

4 Clion：是JetBrains公司开发的收费的C++ IDE工具，功能强大，具有与JetBrains公司开发的IDE工具类似的界面和功能。

5 Dev-C++：是一款免费的简洁、小巧的IDE工具。

这里使用Dev-C++。读者在本书配套工具中找到Dev-Cpp-5.16e.exe文件，双击该文件便可进行安装。在安装完成后启动Dev-C++，其界面如下图所示。

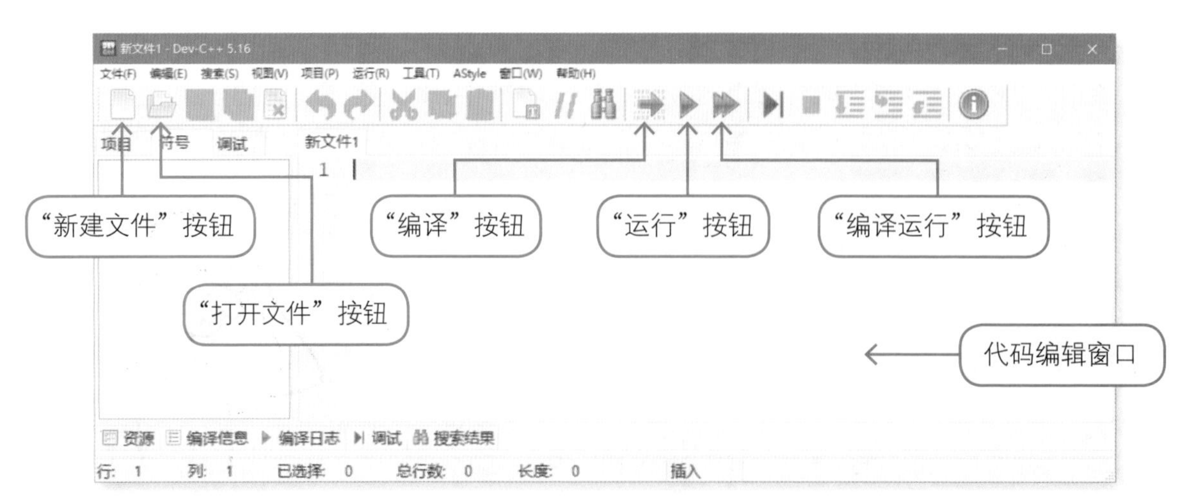

单击“打开文件”按钮 可打开 HelloWorld.cpp 程序，在运行程序之前应该先编译，编译通过后再运行。当然，也可以直接单击“编译运行”按钮，编译并运行程序。

```
1  // 第一个C++程序
2  #include <iostream>
3  int main() {
4      std::cout << "Hello World" ;
5      return 0;
6  }
7
```

```
Hello World
--------------------------------
Process exited after 0.1114 seconds with return value 0
请按任意键继续. . .
```

1.4 练一练

1 通过记事本编写C++程序greeting.cpp，在控制台输出“你好，世界！”。

2 将第1题编写的C++程序greeting.cpp的源代码文件编译成可执行的二进制机器代码文件greeting.exe。

第2章 根深而叶茂

C++的语法基础

本章主要讲解C++的语法基础，比如关键字、标识符、分隔符、注释、变量和常量。

- 关键字
- 标识符
- 分隔符
- 注释
- 变量
- 常量
- 命名空间

2.1 关键字与标识符

```
1  #include<iostream>
2
3  int main()
4  {
5      std::cout<<"Hello World"<<std::endl;
6  }
7
```

在第1章的“Hello World”程序中，我看到有很多单词。
这些是关键字或标识符。

2.1.1 关键字

关键字是计算机语言定义好的字符序列，有着特殊的含义，不能挪作他用。C++的关键字有几十个，比如 int、return、if、namespace等。

关键字的特点如下。

1 小写。

2 由于C++是基于C语言的，所以有些关键字是从C语言中来的，例如break、case、char、const、continue和while等。

3 在C++中还有一些特有的关键字，这些关键字主要支持C++的面向对象特性，这些关键字有class、namespace、this、virtual、protected、private和public等。

2.1.2 标识符

标识符的名称由程序员自己指定，例如常量、变量、函数和类等。C++中标识符的命名规则如下。

1 构成标识符的字符只能是英文字母、数字、下画线（_）和美元符号（$）。

2 区分大小写，比如 Myname与myname是两个不同的标识符。

3 首字符不能是数字，其后的字符可以是下画线、美元符号或字母。

4 关键字不能作为标识符。

identifier、userName、User_Name、$Name、_sys_val能作为标识符，2mail、room#和 class不能作为标识符（“#”是非法字符，“class”是关键字）。另外，中文也不能作为标识符。

2.2 C++分隔符

示例代码及解析如下。

在C++ 的源代码中，有些字符被用于分隔代码，这些字符被称为“分隔符”。分隔符主要有分号（;）、左右大括号（{}）和空白。

2.2.1 分号

分号是C++中最常用的分隔符，表示一条语句的结束。

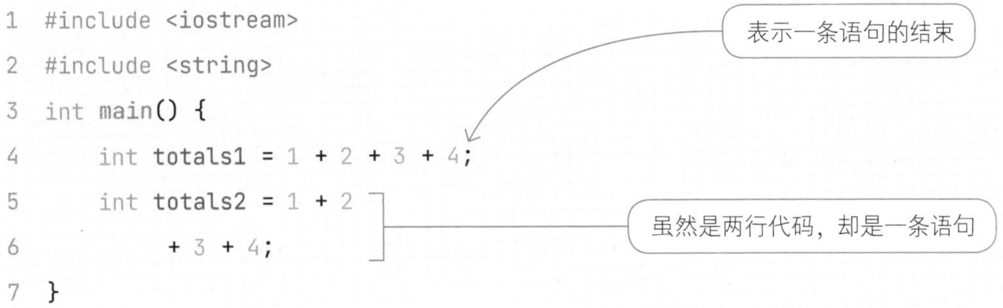

```
1  #include <iostream>
2  #include <string>
3  int main() {
4      int totals1 = 1 + 2 + 3 + 4;
5      int totals2 = 1 + 2
6          + 3 + 4;
7  }
```

表示一条语句的结束
虽然是两行代码，却是一条语句

2.2.2 大括号

C++与C语言一样，都将以左右大括号（{}）括起来的语句集合称为“语句块”（block）或“复合语句”，在语句块中可以有0～n条语句。

示例代码及解析如下。

```
1  #include <iostream>
2  using namespace std;
3  int main(){
4      int m = 5;
5      if (m < 10){
6          cout << "<< m < 10" << std::endl;
7      }
8  }
```

声明在当前代码文件中使用std命名空间，这样一来，代码中的std::cout可以省略为cout，std::endl可以省略为endl。有关命名空间的概念会在2.6节详细讲解

指定main()函数作用范围的开始

指定if语句作用范围的开始

指定if语句作用范围的结束

指定main()函数作用范围的结束

2.2.3 空白

在C++源代码的元素之间允许有空白，空白的长短不限。空白包括：空格、制表符（敲Tab键输入）和换行符（敲Enter键输入），添加适当的空白可以改善源代码的可读性。下面3条if语句是等价的：

```
int m = 5;

if (m < 10) {
  cout << "<< m < 10" << endl;
}

if (m < 10)	{
  cout << "<< m < 10" << endl;
}

if (m < 10)
{
  cout << "<< m < 10" << endl;
}
```

一个空格

一个制表符

一个换行符

2.3 注释

在 C++ 代码中为了说明或解释代码的含义，往往需要进行注释。在 C++ 中，注释的语法有两种：单行注释（//）和多行注释（/*…*/）。编译器会忽略注释的内容。

2.3.1 单行注释

单行注释常用于注释单行代码，可用于单行代码之前或之后。

示例代码及解析如下。

```
1  #include <iostream>
2  using namespace std;
3  int main() {
4      //声明并初始化变量m
5      int m = 5;
6
7      if (m < 10) { //判断变量m是否大于10
8          cout << "<< m < 10"
9                   << endl;
10
11     }
12 }
```

在单行代码之前注释

在单行代码之后注释

2.3.2 多行注释

多行注释可用于注释多行代码，主要用于注释整个代码块，表示暂时不需要这块代码。在注释的文字很多时也可使用多行注释。

```
1  /*
2   Name         : helloworld.cpp
3   Author       : 关东升
4   Copyright    : 版权为智捷东方科技有限公司
5  */
6
7  #include <iostream>
8  using namespace std;
9  int main() {
10
11     int m = 5;
12
```

多行注释

```
13      /*
14          if (m < 10) {     cout << "<< m < 10" << endl;
15          }
16
17          if (m < 10) {    cout << "<< m < 10" << endl;
18          }
19      */
20      if (m < 10)  {
21          cout << "<< m < 10" << endl;
22      }
23  }
```

多行注释

2.4 变量

变量是构成表达式的重要部分，变量所保存的数据可被修改。

2.4.1 变量的声明与初始化

在前面的代码中有下面一条语句：

```
int m = 5;
```

该语句用于声明变量m 为整型变量，并给它赋初始值5 (赋初始值就叫作“初始化”）。

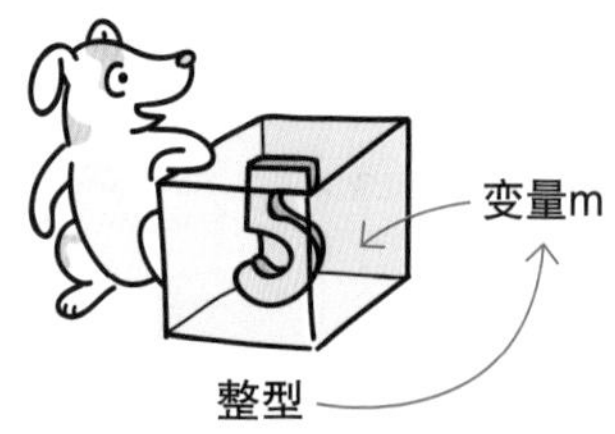

也可以只声明变量的类型，但不为其赋初始值，比如“int m;”。

“int m = 5;”语句其实做了三件事。

1　声明变量m为整型变量。

2 开辟内存空间。

3 赋值。

开辟内存空间是什么意思呢?
开辟内存空间就是在内存中分配一块区域给变量，这样变量就可以将数据保存到这块区域中了。

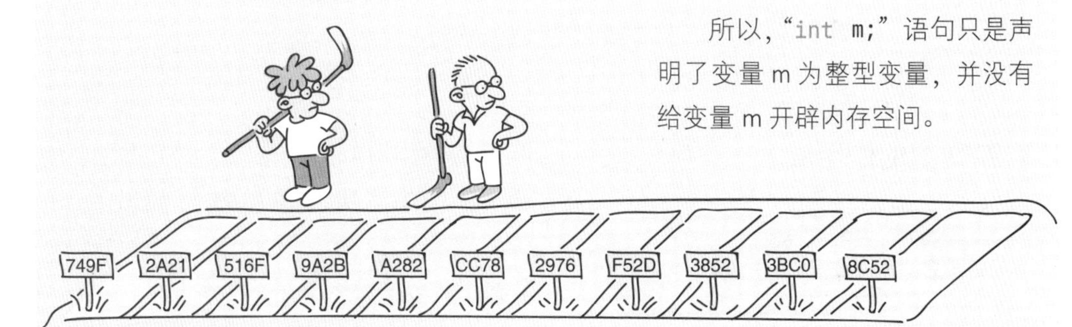
749F
2A21
516F
9A2B
A282
CC78
2976
F52D
3852
3BC0
8C52
大牛的地
小白的地
无主之地

所以，“`int m;`”语句只是声明了变量 m 为整型变量，并没有给变量 m 开辟内存空间。

示例代码及解析如下。

```
1  #include <iostream>
2  using namespace std;
3  int main() {
4      int age = 14;    //变量age的内容是14
5      age = 17;        //变量age的内容是17
6      cout << "打印变量age："<< age << endl;
7
8      int m;           //声明变量m
9      cout << "打印变量m：" << m << endl;
```

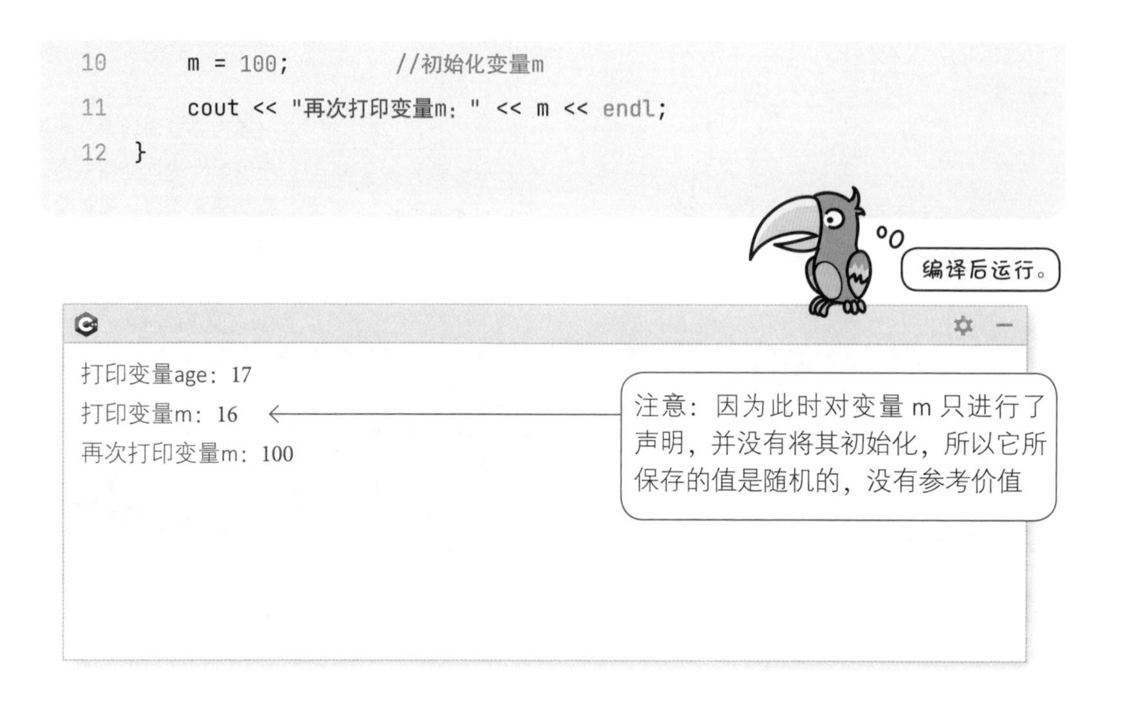

```
10        m = 100;            //初始化变量m
11        cout << "再次打印变量m: " << m << endl;
12    }
```


2.4.2 变量的作用域

可以声明相同名称的变量吗？
在相同的作用域内不可以。

变量的作用域就是变量的作用范围，变量在自己的作用域内是有效的，超出自己的作用域则失效。根据变量的作用域，我们可以将变量分为全局变量和局部变量。

示例代码及解析如下。

```
1  #include <iostream>
2  using namespace std;
3  //声明全局变量x
4  int x = 100;
5
```

在main()函数外声明全局变量x，全局变量x的作用域是当前代码文件

```
6  void func(){
7
8      //声明局部变量x
9      int x = 300;
10
11     cout << "全局变量x的值是： " << ::x << endl;
12     cout << "func()函数中局部变量x的值是： " << x << endl;
13 }
14
15 int main() {
16     //声明局部变量x
17     int x = 200;
18
19     //调用func()函数
20     func();
21
22     cout << "全局变量x的值是： " << ::x << endl;
23     cout << "局部变量x的值是： " << x << endl;
24 }
```

定义func()函数，它会在main()函数内被调用

在func()函数内声明局部变量x，局部变量的作用域是当前func()函数

通过“::”运算符访问全局变量x

访问局部变量x

在main()函数内声明局部变量x，这个局部变量的作用域是当前main()函数

同func()函数

访问局部变量x

```
全局变量x的值是： 100
func()函数中局部变量x的值是： 300
全局变量x的值是： 100
局部变量x的值是： 200
```

编译后运行。

2.5 常量

常量是一旦初始化就不能修改的变量。使用常量的目的有两个：

1. 提高代码的可读性；
2. 提高代码的健壮性。

```
1  #include <iostream>
2  using namespace std;
3  //声明两个常量
4  const int FEMALE = 0; //0表示女
5  const int MALE = 1;    //1表示男

6  int main() {
7      int cender;
8      cout << "您输入0或1整数，其中1代表男，0代表女：" << endl;
9      //从控制台读取数据
10     cin >> cender; //判断是否为女性
11     cout << "您输入的性别是：" << cender << endl;
12     if (cender == 0) {
13         cout << "请坐..." << endl;
14     }
15
16     if (cender == MALE) //判断是否为男性 {
17         cout << "站着吧！" << endl;
18     }
19
20 const int myNum = 15;    //不希望变量myNum被修改
21     //myNum = 10;          //如果修改变量myNum，则会发生编译错误
22 }
```

使用const关键字声明常量，在声明的同时必须初始化

cin与cout相反，是从控制台输入数据，本例是从控制台读取整数到变量cender中

判断是否为女性，其中0表示女性，不解释的话，我们不知道0表示女性，这样的代码可读性差

通过比较常量MALE，判断是否为男性，即使不解释，我们也能知道MALE表示男性，这样的代码可读性好

有时将变量声明为常量，可以防止被误改或无意间修改，防止发生逻辑错误，从而提高程序的健壮性

编译后运行。
您输入0或1整数，其中1代表男，0代表女：
0
您输入的性别是：0
请坐...
输入0后敲Enter键
您输入0或1整数，其中1代表男，0代表女：
1
您输入的性别是：1
站着吧！
输入1后敲Enter键

2.6 命名空间

老李家
老张家
大花
大花
示例代码及解析如下。

在C++中，命名空间（namespace）是非常重要的概念，本节会详细讲解命名空间方面的知识。

2.6.1 什么是命名空间

在一个程序中如果有相同名称的标识符，例如有相同名称的变量、常量或者函数，则会发生命名冲突，从而引发编译错误。

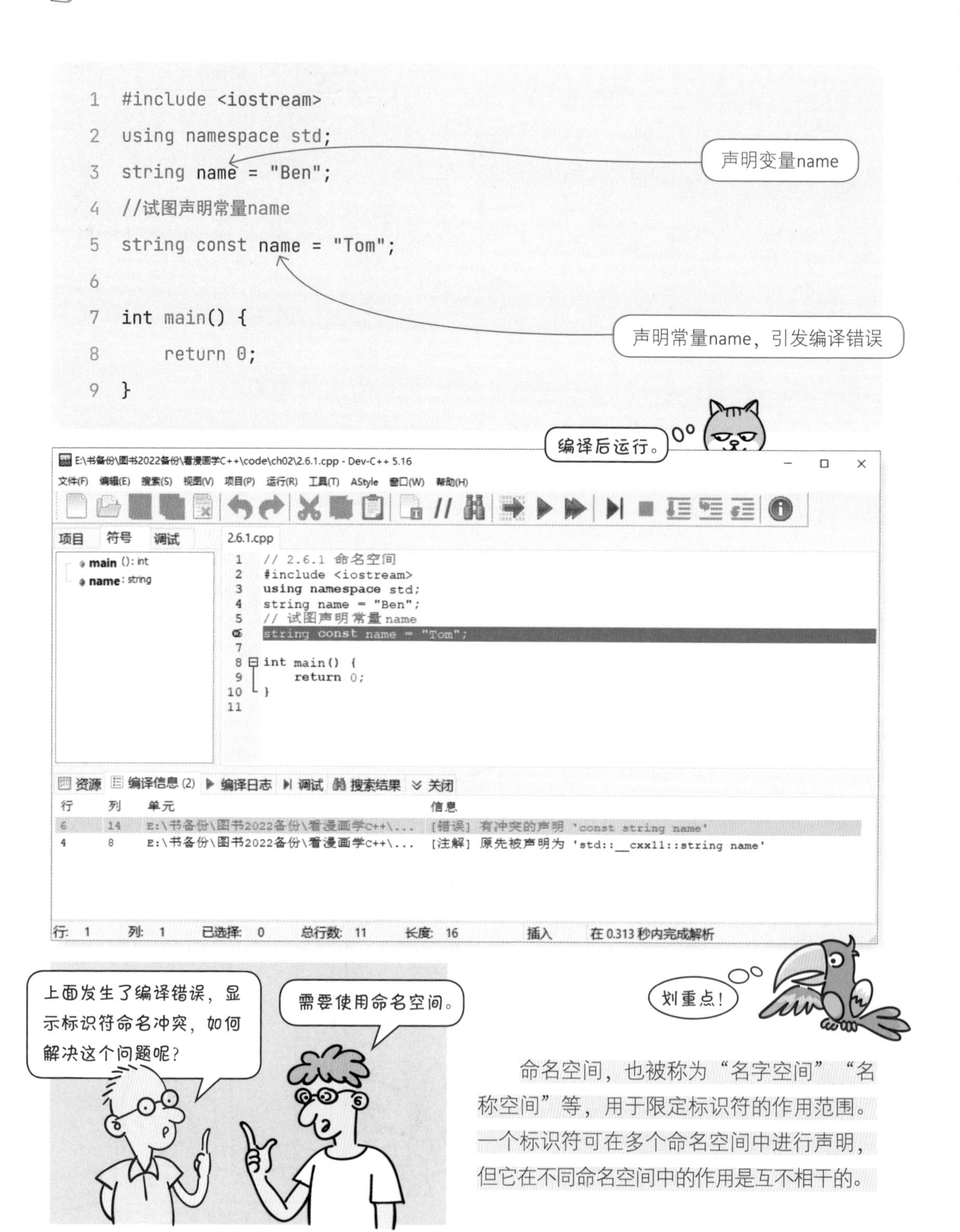


```
1  #include <iostream>
2  using namespace std;
3  string name = "Ben";
4  //试图声明常量name
5  string const name = "Tom";
6
7  int main() {
8      return 0;
9  }
```

命名空间，也被称为“名字空间”“名称空间”等，用于限定标识符的作用范围。一个标识符可在多个命名空间中进行声明，但它在不同命名空间中的作用是互不相干的。

2.6.2 声明命名空间

我们通常使用namespace关键字声明命名空间。

```
1  #include <iostream>
2  namespace teamA {
3  using namespace std;
4
5      string name = "Ben";
6  }
7
8  namespace teamB teamB {
9      //试图声明常量name
10     string name = "Tom";
11 }
12
13 int main() {
14     return 0;
15 }
```

声明命名空间teamA

指定命名空间teamA的开始

指定命名空间teamA的结束

声明命名空间teamB

在声明命名空间后，可以使用作用域限定符（::）或using 指令访问命名空间中的成员，接下来进行详细讲解。

2.6.3 使用作用域限定符（::）访问命名空间中的成员

在右侧的4行代码中都用到了作用域限定符（::），其中std是标准模板库（Standard Template Library，STL）的命名空间，string、cout和cin是std中的成员，4行代码分别表示对std中的string、cout、cin和endl进行访问。

```
std::string
std::cout
std::cin
std::endl
```

可用同样的形式对其他命名空间中的成员进行访问，即“命名空间的名称::该命名空间中的成员”。

示例代码及解析如下。

```
1  #include <iostream>
2  using namespace std;
3
4  namespace teamA {
5      std::string name = "Ben";
6  }
7  namespace teamB {
8      std::string name = "Tom";
9      void func() {
10         std::cout << "当前命名空间中name的值是：" << name << std::endl;
11         std::cout << "命名空间teamA中name的值是：" << teamA::name << std::endl;
12     }
13 }
14
15 int main() {
16     //调用命名空间teamB中的func()函数
17     teamB::func();
18     return 0;
19 }
```

访问相同命名空间中的其他成员，不需要使用作用域限定符

使用作用域限定符访问name，teamA是命名空间

使用作用域限定符访问func()函数，它是在命名空间teamB中声明的

编译后运行。

```
当前命名空间中name的值是： Tom
命名空间teamA中name的值是： Ben
```

2.6.4 使用 using 指令访问命名空间中的成员

使用作用域限定符时，在前面要加上命名空间的前缀，如果需要访问多个命名空间中的成员，就会很费事儿。
我们可以使用 using指令指定命名空间，这样就不用操心加命名空间前缀的事儿了。
示例代码及解析如下。


```
1  #include <iostream>
2  using namespace std;
3
4  namespace teamA {
5      string name = "Ben";
6  }
7
8  namespace teamB {
9      string name = "Tom";
10
11     void func() {
12         cout << "当前命名空间中name的值是：  " << name << endl;
13         cout << "命名空间teamA中name的值是：  " << name << endl;
14     }
15 }
16
17 int main() {
18     using namespace teamB;
19     //调用命名空间teamB中的func()函数
20     func();
21     return 0;
```

告诉编译器，后续的代码正在使用命名空间std

string省略了std::

使用命名空间teamB

省略命名空间teamB

2.7 练一练

1 下列哪些选项是C++中的关键字？（　）

A. if

B. Then

C. Goto

D. while

2 下列哪些选项是C++中的合法标识符？（　）

A. 2variable

B. variable2

C. _whatavariable

D. _3_

E. #myvar

3 下列哪些选项是与命名空间相关的关键字？（　）

A. if

B. package

C. using

D. namespace

4 在访问命名空间中的成员时，可以使用的运算符有哪些？（　）

A. :

B. ::

C. .

5 判断对错：

A. 在C++中，一行代码表示一条语句。在语句结束时加不加分号都行。（　）

B. 在C++中使用const关键字声明常量。（　）

C. 在C++代码中使用的空白数量是没有限制的。（　）

D. 在C++代码中适当地使用空白，可以提高代码的可读性。（　）

E. 在C++中使用大括号表示代码块。（　）

第3章　站到自己的队伍中去

基本数据类型

在前面已经用到一些数据类型，比如int和string等。C++中的数据类型可以分为基本数据类型、派生数据类型和自定义数据类型。
本章重点讲解基本数据类型，比如整数类型、浮点类型、字符类型、布尔类型，以及数据类型之间的转换。
数据类型之间的转换
布尔类型
整数类型
浮点类型
字符类型

3.1 C++中的数据类型

C++中的数据类型如下。

1　基本数据类型：是C++内置的数据类型，主要分为：整数类型（简称“整型”）、浮点类型（小数类型，简称“浮点型”）、字符类型（简称“字符型”）和void。

2　派生数据类型：由基本数据类型衍生而来，分为：函数类型、数组类型和指针类型。

3　用户自定义的数据类型：是用户自定义的数据类型，分为：结构体、联合、枚举和类。

其中：

- void：表示空数据或者没有返回值，或者是没有分配内存空间的数据。
- 函数类型：函数本身也是一种数据类型。
- 类：就是用类声明的变量类型。例如，之前讲解的string是字符串类型，它是由C++标准库提供的，我们也可以创建自己的类，这是C++的重要特征之一。

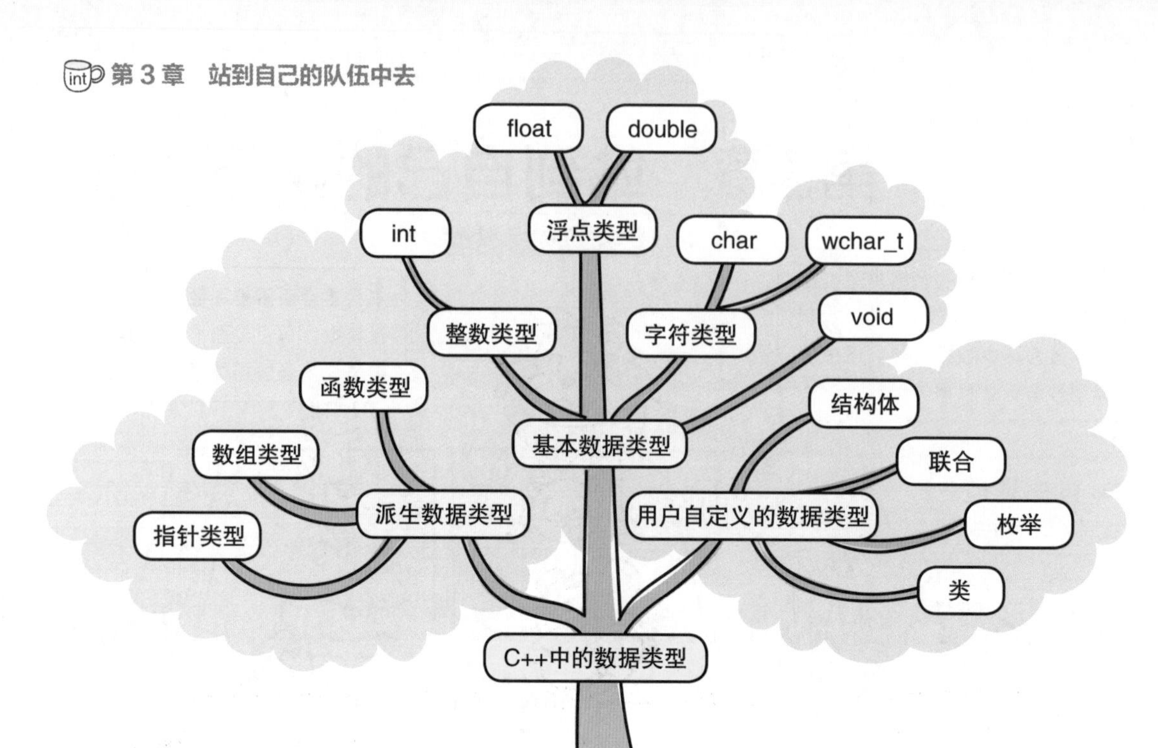

3.2 整型

在 C++ 中使用 int 关键字声明整型变量。整型用于存储整数，所占用的内存取决于编译器（32 位或 64 位），在使用 32 位编译器时通常占用 4 字节的内存空间，取值范围是 $-2^{31} \sim 2^{31}-1$。

示例代码及解析如下。

```
1   #include <iostream>
2   using namespace std;
3
4   //声明全局变量
5   int number1 = 100;
6   string name = "Ben";
7
8   int main() {
9       short int number2 = 500;
10      cout << "number1:" << number1 << endl;
11      cout << "number1占用字节:" << sizeof (number1) << endl;
12
13      cout << "number2:" << number2 << endl;
```

声明整型变量number1

该函数用于计算占用多少字节

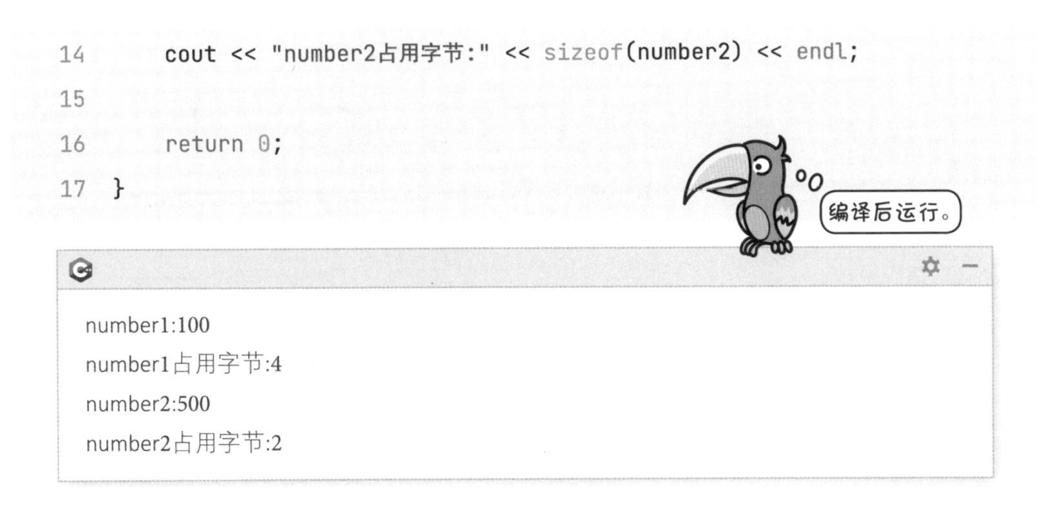

```
14      cout << "number2占用字节:" << sizeof(number2) << endl;
15
16      return 0;
17  }
```



```
number1:100
number1占用字节:4
number2:500
number2占用字节:2
```

3.2.1 数据类型的修饰符

在上一节的示例中声明变量number2的数据类型是short int，这是什么类型呢？

short int也是整型，被称为“短整型”。

事实上，short是基本数据类型的修饰符，这样的修饰符有4个。

1 unsigned：无符号的，所修饰的数据类型只能存储零或正数。

2 signed：有符号的，所修饰的数据类型能存储零、负数或正数。

3 short：所修饰的数据类型占用的内存空间要小一些，只能修饰整型，即short int。

4 long：所修饰的数据类型占用的内存空间要大一些，主要用来存储整数和浮点数。

数据类型	占用字节	取值范围
short int	2	$-2^{15}\sim2^{15}-1$
unsigned short int	2	$0\sim2^{16}-1$
unsigned int	4	$0\sim2^{32}-1$
int	4	$-2^{31}\sim2^{31}-1$
long int	4	$-2^{31}\sim2^{31}-1$
unsigned long int	4	$0\sim2^{32}-1$
long long int	8	$-2^{63}\sim2^{63}-1$
unsigned long long int	8	$0\sim2^{64}-1$
signed char	1	-128～127
unsigned char	1	0～255

注意

字符型也是整型的一种。在计算机内部保存字符时使用的是 ASCII 编码，例如，字符 'a' 的 ASCII 编码是 97，字符 'A' 的 ASCII 编码是 65。

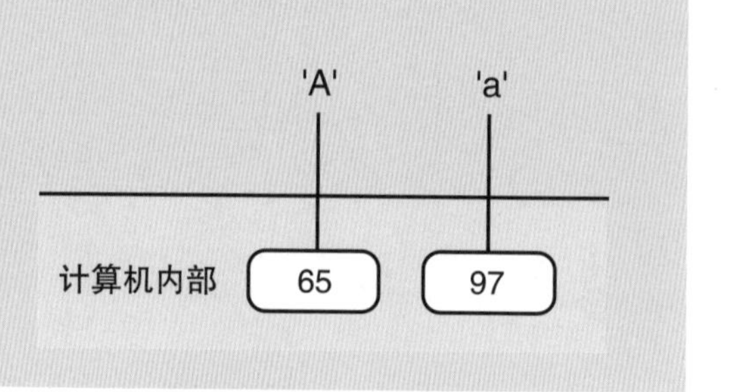

示例代码及解析如下。

```
1   #include <iostream>
2   using namespace std;
3
4   unsigned short int number1 = 600;
5   long int number2 = 700;
6   unsigned long int number3 = 800;
7   unsigned long long int number4 = 900;
8
9   signed char number5 = 97;
10  unsigned char number6 = 255;
11
12  int main() {
13      cout << "number1:" << number1 << endl;
14      cout << "number1占用字节:" << sizeof(number1) << endl;
15
16      cout << "number2:" << number2 << endl;
17      cout << "number2占用字节:" << sizeof(number2) << endl;
18
19      cout << "number3:" << number3 << endl;
20      cout << "number3占用字节:" << sizeof(number3) << endl;
21
22      cout << "number4:" << number4 << endl;
23      cout << "number4占用字节:" << sizeof(number4) << endl;
24
```

```
25        cout << "number5:" << number5 << endl;
26        cout << "number5占用字节:" << sizeof(number5) << endl;
27
28        cout << "number6:" << number6 << endl;
29        cout << "number6占用字节:" << sizeof(number6) << endl;
30
31        return 0;
32  }
```

编译后运行。

```
number1:600
number1占用字节:2
number2:700
number2占用字节:4
number3:800
number3占用字节:4
number4:900
number4占用字节:8
number5:a
number5占用字节:1
number6:
number6占用字节:1
```

number5在计算机中保存的是97，输出到控制台的是字符'a'

3.2.2 数据溢出

在数据类型中保存的数据都是有范围的，如果给它的赋值超出其范围，就会导致数据溢出，如下图所示。

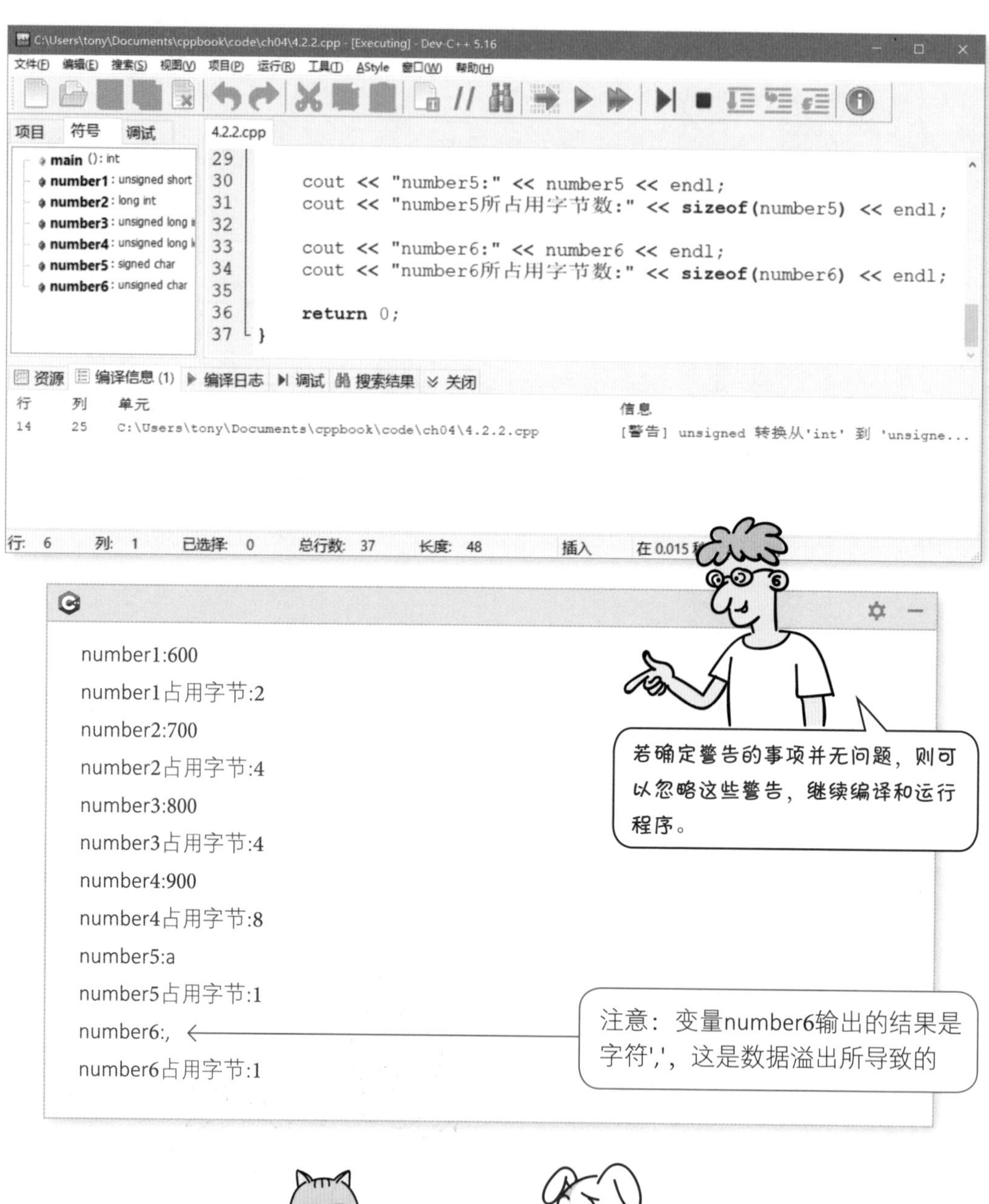
C:\Users\tony\Documents\cppbook\code\ch04\4.2.2.cpp - [Executing] - Dev-C++ 5.16
文件(F) 编辑(E) 搜索(S) 视图(V) 项目(P) 运行(R) 工具(T) AStyle 窗口(W) 帮助(H)
项目 符号 调试
4.2.2.cpp
main (): int
number1 : unsigned short
number2 : long int
number3 : unsigned long i
number4 : unsigned long l
number5 : signed char
number6 : unsigned char
29
30 cout << "number5:" << number5 << endl;
31 cout << "number5所占用字节数:" << sizeof(number5) << endl;
32
33 cout << "number6:" << number6 << endl;
34 cout << "number6所占用字节数:" << sizeof(number6) << endl;
35
36 return 0;
37 }
资源 编译信息 (1) 编译日志 调试 搜索结果 关闭
行 列 单元 信息
14 25 C:\Users\tony\Documents\cppbook\code\ch04\4.2.2.cpp [警告] unsigned 转换从'int' 到 'unsigne...
行: 6 列: 1 已选择: 0 总行数: 37 长度: 48 插入 在 0.015
number1:600
number1占用字节:2
number2:700
number2占用字节:4
number3:800
number3占用字节:4
number4:900
number4占用字节:8
number5:a
number5占用字节:1
number6:,
number6占用字节:1
若确定警告的事项并无问题，则可以忽略这些警告，继续编译和运行程序。
注意：变量number6输出的结果是字符','，这是数据溢出所导致的

Milk

注意　变量 number6 被赋值 300，300 在计算机内部被存储为二进制数，又因为 number6 被声明为 unsigned char 类型，所以 300 被存储的二进制数只能保留低 8 位，高 4 位溢出，结果是十进制数 44，而字符 ',' 的 ASCII 编码是 44，所以打印输出的是字符 ','。

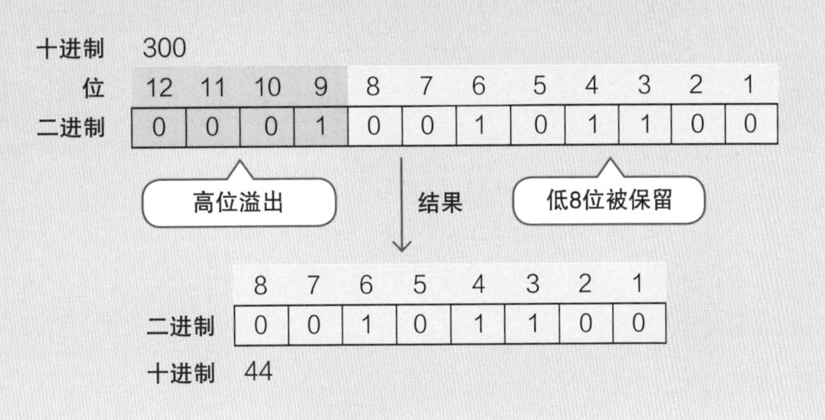

3.2.3 整数的表示方式

对整数除了可以使用十进制表示，还可以使用多种进制表示，例如二进制、八进制和十六进制。

1. 二进制：以0b或0B为前缀。
2. 八进制：以0为前缀。
3. 十六进制：以0x或0X为前缀。

注意

二进制、八进制和十六进制前缀中的是阿拉伯数字0，不是英文字母o。

```
1  //下面几条语句都表示声明且初始化变量为整数28
2  #include <iostream>
3  using namespace std;
4
5  int decimalInt = 28;
6  int binaryInt1 = 0b11100;
7  int binaryInt2 = 0B11100;
8  int octalInt = 034;
```

```
 9  int hexadecimalInt1 = 0x1C;
10  int hexadecimalInt2 = 0X1C;
11
12  int main() {
13      cout << "decimalInt:" << decimalInt << endl;
14      cout << "binaryInt1:" << binaryInt1 << endl;
15      cout << "octalInt:" << octalInt << endl;
16      cout << "octalInt:" << octalInt << endl;
17      cout << "hexadecimalInt1:" << hexadecimalInt1 << endl;
18      cout << "hexadecimalInt2:" << hexadecimalInt2 << endl;
19
20      return 0;
21  }
```

编译后运行。

```
decimalInt:28
binaryInt1:28
octalInt:28
octalInt:28
hexadecimalInt1:28
hexadecimalInt2:28
```

3.3 浮点型

......

在C++中通过float、double及long double关键字声明浮点型变量。

数据类型	具体名称	占用字节	取值范围
float	单精度浮点型	4	-3.4E+38～3.4E+38，6～7位有效数字
double	双精度浮点型	8	-1.79E+308～1.79E+308，15～16位有效数字
long double	扩展双精度浮点型	16	-1.2E+4932～1.2E+4932，18～19位有效数字

```
1  #include <iostream>
2  using namespace std;
3
4  float digit1 = 3.36;
5  double digit2 = 1.56e-2;
6
7  int main() {
8      long double digit3 = 0.0;
9      cout << "digit1 :" << digit1 << endl;
10     cout << "digit1占用字节:" << sizeof(digit1) << endl;
11
12     cout << "digit2:" << digit2 << endl;
13     cout << "digit2占用字节:" << sizeof(digit2) << endl;
14
15     cout << "digit3:" << digit3 << endl;
16     cout << "digit3占用字节:" << sizeof(digit3) << endl;
17     return 0;
18 }
```

用指数表示浮点

编译后运行。

```
digit1 :3.36
digit1占用字节:4
digit2:0.0156
digit2占用字节:8
digit3:0
digit3占用字节:16
```

3.4 字符型

字符型表示单个字符。在C++中通过char和wchar_t关键字声明字符型变量。

数据类型	具体叫法	占用字节
char	窄字符	4
wchar_t	宽字符	8

```
1  #include <iostream>
2  using namespace std;
3
4  int main() {
5      char ch1 = 'A';
6      wchar_t ch2 = L'A';
7
8      cout << "ch1 :" << ch1 << endl;
9      cout << "ch1占用字节:" << sizeof(ch1) << endl;
10
11     cout << "ch2 :" << ch2 << endl;
12     cout << "ch2占用字节:" << sizeof(ch2) << endl;
13
14     return 0;
15 }
```

声明窄字符型变量ch1

声明宽字符型变量ch2，“L'A'”中的“L”表示该字符是宽字符，在内存中占用2字节

编译后运行。

```
ch1 :A
ch1占用字节:1
ch2 :65
ch2占用字节:2
```

窄字符在内存中被保存为ASCII编码65，但输出到控制台的是字符'A'

3.5 布尔型

布尔型用于存储布尔值或逻辑值，可以存储 true（真）或 false（假）。在 C++ 中通过 bool 关键字声明布尔型变量。

小贴士

在C语言中，布尔型是整型的一种，有两个取值，即1（真）或0（假）。C++是基于C语言的，因此C++中的布尔型数据也可以使用1或0，但从编码规范角度而言更推荐使用true和false。

示例代码及解析如下。

```
1  #include <iostream>
2  using namespace std;
3  int main() {
4      bool b1 = true;
5      bool b2 = false;
6
7      if (b1 == 1)  {
8          cout << "b1 == 1" << endl;
9      }
10
11     if (b2 == 0) {
12         cout << "b2 == 0" << endl;
13     }
14
15     cout << "b1 :" << b1 << endl;
16     cout << "b1占用字节:" << sizeof(b1) << endl;
17
18     cout << "b2 :" << b2 << endl;
19     cout << "b2占用字节:" << sizeof(b2) << endl;
20
21     return 0;
22 }
```

判断变量b1是否为真，不推荐用这种写法，推荐用“b1 == true”声明

3.6 数据类型之间的转换

不同的数据类型之间是可以相互转换的，但其转换比较复杂，本章只讨论基本数据类型之间的相互转换：自动类型转换，也被称为“隐式类型转换”；强制类型转换，也被称为“显式类型转换”。

3.6.1 自动类型转换

将小容量的数据类型赋值给大容量的数据类型是自动进行的，这就是自动类型转换，不会发生数据精度丢失。

如下图所示，从下往上是自动类型转换。

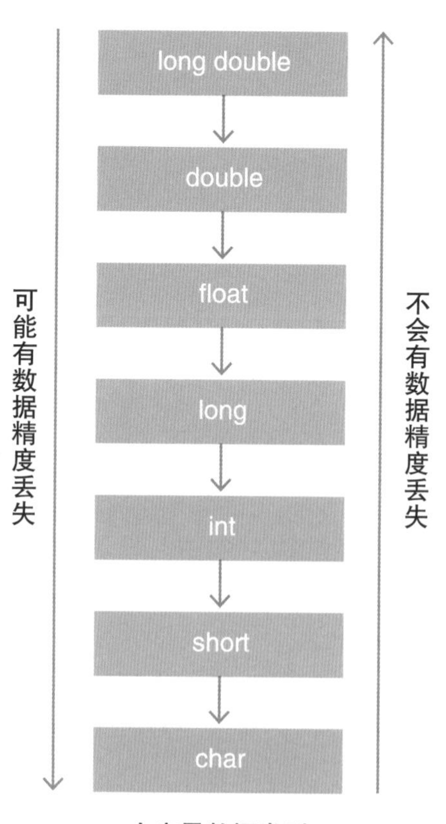

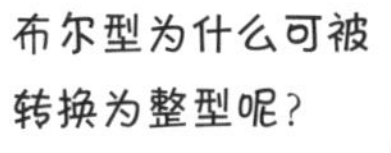

转换规则如下。

操作数1的类型	操作数2的类型	转换后的类型
short、char	int	int
short、char、int	long	long
short、char、int、long	float	float
short、char、int、long、float	double	double

```
1  #include <iostream>
2
3  using namespace std;
4
5  int main() {
6      //声明整型变量
7      short int shortNum = 16;
8      //打印变量shortNum的数据类型
9      cout << typeid(shortNum).name() << endl;
10     int intNum = 16;
11     cout << typeid(intNum).name() << endl;
12     long longNum = 16L;
13     //打印变量longNum的数据类型
```

typeid(x).name()表达式用于获得变量x的数据类型

将长整型 16 赋值给变量 longNum，其中的 16 表示整数。在整数后面加上字母 L 或 l，则表示长整型的 16

```
14      cout << typeid(longNum).name() << endl;
15
16      //将short int类型转换为int类型
17      intNum = shortNum;
18      //声明字符型变量
19      char charNum = 'X';
20      cout << typeid(charNum).name() << endl;
21      //将char类型转换为int类型
22      intNum = charNum;
23
24      //声明浮点型变量
25      //将long类型转换为float类型
26      float floatNum = longNum;
27      cout << typeid(floatNum).name() << endl;
28      //将float类型转换为double类型
29      double doubleNum = floatNum;
30      cout << typeid(doubleNum).name() << endl;
31
32      //表达式经过计算后的类型是double类型
33      double result = floatNum * intNum + doubleNum / shortNum;
34
35      cout << typeid(result).name() << endl;
36
37      return 0;
38  }
```

```
s
i
l
c
f
d
d
```

编译后运行。

上述示例运行后，typeid(x).name() 表达式的输出结果都是以单个字符表示的数据类型，比如 s、i 和 l 等，它们都是数据类型的缩写。

数据类型	类型名缩写
bool	b
char	c
signed char	a
unsigned char	h
short int	s
unsigned short int	t
int	i
unsigned int	j
long int	l
unsigned long int	m
long long int	x
unsigned long long int	y
float	f
double	d
long double	e

3.6.2 强制类型转换

将大容量的数据赋值给小容量的数据时，需要强制类型转换，因为进行强制类型转换时会将数据的高位截掉，所以可能导致数据精度丢失。

强制类型转换的语法如下：

```
(目标类型)表达式;
```

```
1  #include <iostream>
2  using namespace std;
3  int main() {
4      //int类型的变量
5      int i1 = 10;
6      short int b1 = (short int)i1; //将int类型的变量强制转换为short int类型
7      cout << typeid(b1).name() << endl;
8
9      int i2 = (int)i1;
10     int i3 = (int)b1;
11     cout << typeid(i3).name() << endl;
12
13     float c1 = i1 / 3; //注意：i1 / 3的结果是3，小数部分被截掉
```

示例代码及解析在此。

```
14      cout << c1 << endl;
15      //将int类型的变量强制转换为float类型
16      float c2 = (float)i1 / 3; //float类型与int类型运算的结果是float类型
17      cout << typeid(c2).name() << endl;
18
19      long long int yourNumber = 6666666666L;    //声明一个很大的长整数
20      cout << typeid(yourNumber).name() << endl;
21      cout << yourNumber << endl;
22      int myNuber = (int)yourNumber;//数据太大，高位被截掉，导致数据精度丢失
23      cout << myNuber << endl;
24      return 0;
25  }
```

编译后运行。

```
s
i
3
f
x
6666666666
-1923267926
```

原本的6666666666L变成了负数，这是因为数据的高位被截掉，导致数据精度丢失

3.7 练一练

1 下列哪个选项在编译时不会发生告警或发出错误信息？（ ）

A. float f = 1.3;

B. char c = "a";

C. char b = 257;

D. Int I = 10;

2 signed char 的取值范围是（ ）。

A. -128 ～ 127

B. -256 ～ 256

C. -255 ～ 256

D. 0 ～ 127

3 下列哪个选项不是C++的基本数据类型？（ ）

A. short

B. Boolean

C. Int

D. float

4 判断对错：

A. 将小容量的数据赋值给大容量的数据时是自动转换的。（ ）

B. 将整型变量与浮点型变量进行数据计算后，计算结果还是整数。（ ）

5 编程题：编写程序，计算整数7除以整数5的结果，将运算结果输出到控制台，并解释输出结果。

6 编程题：编写程序，计算小数7.0除以整数5的结果，将运算结果输出到控制台，并解释输出结果。

运算符是表达式的重要组成部分，本章讲解C++中的主要运算符，其中包括：算术运算符、关系运算符、逻辑运算符、位运算符和赋值运算符。
算术运算符
关系运算符
逻辑运算符
位运算符
赋值运算符

第4章　那些用于运算的符号

运算符

4.1 运算符那些事儿

根据参加运算的操作数的个数，运算符可以分为一元算术运算符、二元算术运算符和三元算术运算符。

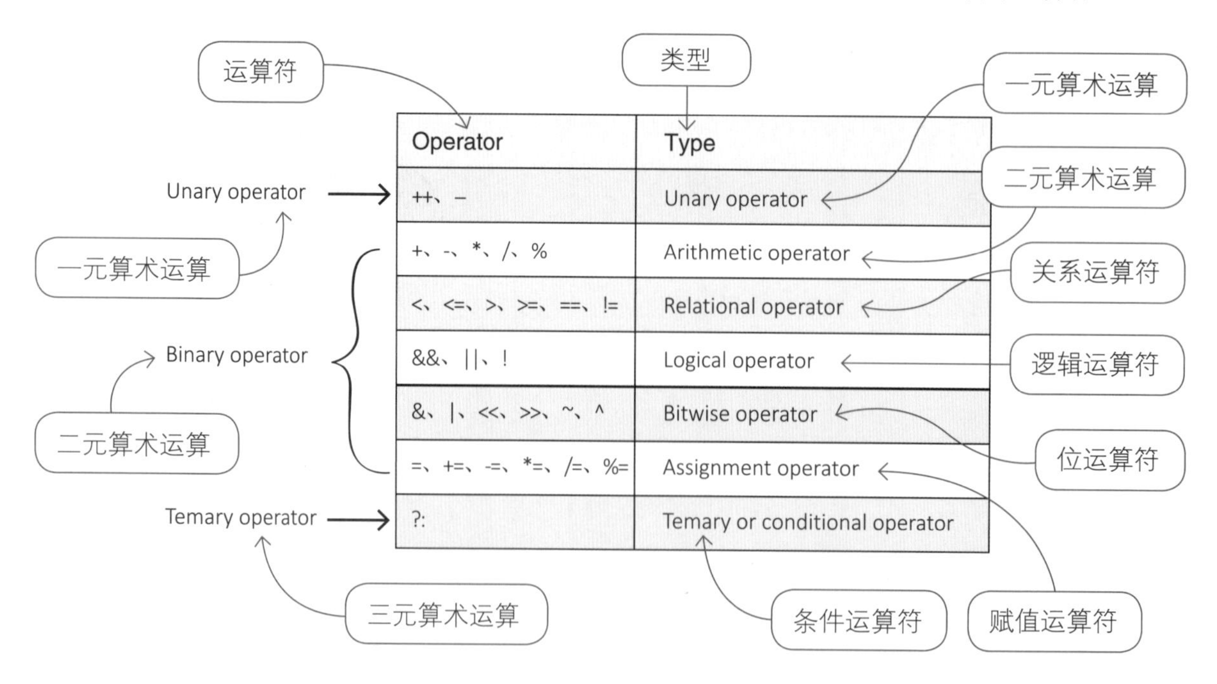

Operator	Type
++、−	Unary operator
+、-、*、/、%	Arithmetic operator
<、<=、>、>=、==、!=	Relational operator
&&、||、!	Logical operator
&、|、<<、>>、~、^	Bitwise operator
=、+=、-=、*=、/=、%=	Assignment operator
?:	Temary or conditional operator

4.2 算术运算符

C++ 中的算术运算符有两种形式：一元算术运算符和二元算术运算符。

X++
划重点！

4.2.1 一元算术运算符

一元算术运术符有：-、++和--。

运算符	作用	说明	例子
-	取反	做取反运算	b =-a
++	自加1	先取值再加1，或先加1再取值	a++或++a
--	自减1	先取值再减1，或先减1再取值	a--或--a

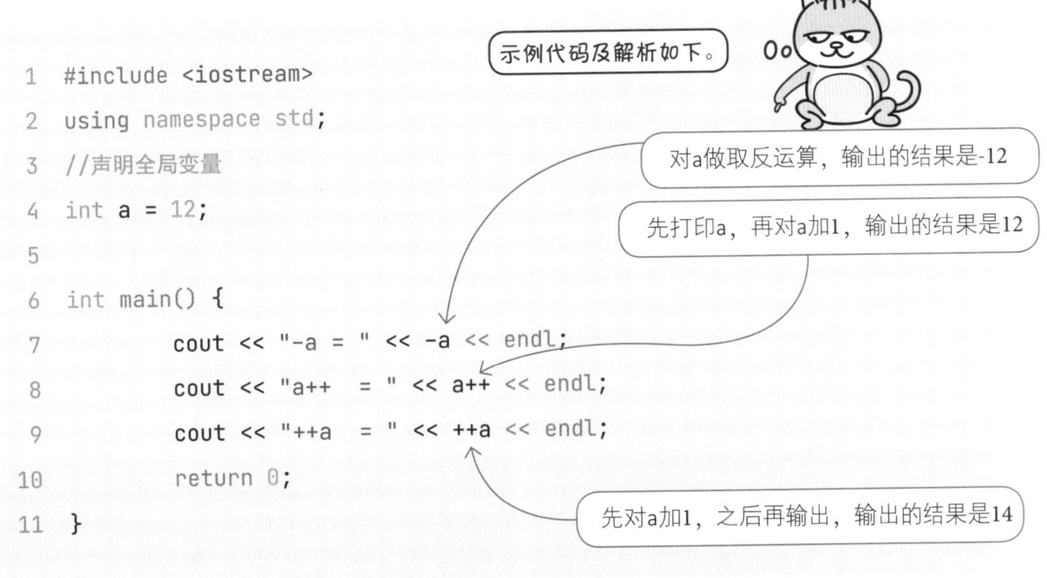

示例代码及解析如下。
对a做取反运算，输出的结果是-12
先打印a，再对a加1，输出的结果是12
先对a加1，之后再输出，输出的结果是14

```
1  #include <iostream>
2  using namespace std;
3  //声明全局变量
4  int a = 12;
5
6  int main() {
7          cout << "-a = " << -a << endl;
8          cout << "a++  = " << a++ << endl;
9          cout << "++a  = " << ++a << endl;
10         return 0;
11 }
```

-a =-12
a++ = 12
++a = 14
编译后运行。

4.2.2 二元算术运算符

二元算术运算符有：+、-、*、/和%。

运算符	作用	说明	例子
+	加法运算	求两个数的和。还可用于string类型，进行字符串连接操作	a + b
-	减法运算	求两个数的差	a- b
*	乘法运算	求两个数的积	a * b
/	除法运算	求两个数相除所得的商	a / b
%	取余运算	求两个数相除所得的余数。对浮点型变量不能进行取余运算	a % b

```
1  #include <iostream>
2  using namespace std;
3  //声明一个字符型变量
4  char charNum = 'A';
5  //声明一个整型变量
6  int intResult = charNum + 1;
7  //声明一个浮点型变量
8  double doubleResult = 10.0;
9
10 int main() {
11         cout << intResult << endl;
12
13         intResult = intResult - 1;
14         cout << intResult << endl;
15
16         intResult = intResult * 2;
17         cout << intResult << endl;
18
19         intResult = intResult / 2;
20         cout << intResult << endl;
21
```

将字符型变量charNum 与整型变量进行加法运算，参与运算的该字符（'A'）的ASCII 编码为65

```
22        intResult = intResult + 8;
23        intResult = intResult % 7;
24        cout << intResult << endl;
25
26        cout << "-------" << endl;
27
28        cout << doubleResult << endl;
29
30        doubleResult = doubleResult - 1;
31        cout << doubleResult << endl;
32
33        doubleResult = doubleResult * 2;
34        cout << doubleResult << endl;
35
36        doubleResult = doubleResult / 2;
37        cout << doubleResult << endl;
38
39        doubleResult = doubleResult + 8;
40        doubleResult = (int)doubleResult
41        cout << doubleResult << endl;
42        return 0;
43    }
```

由于对 double 类型的变量不能进行取余运算，因此需要将 doubleResult 强制类型转换为 int 类型再进行运算

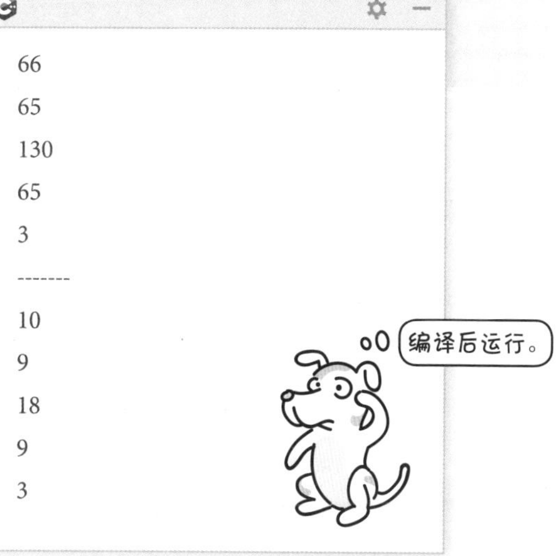
66
65
130
65
3

10
9
18
9
3
编译后运行。

千万不要对浮点型变量进行取余运算！我刚刚忘记了，对浮点型变量进行了取余运算，出现了后面的编译错误。哎！

4.3 关系运算符

关系运算符用于比较两个表达式的大小，它的结果是布尔型数据，即true或false。关系运算符有：==、!=、>、<、>=和<=。

运算符	含义	说明	作用对象	例子
==	等于	当a等于b时返回true，否则返回false	基本数据类型	a == b
!=	不等于	当a不等于b时返回true，否则返回false	基本数据类型	a != b
>	大于	当a大于b时返回true，否则返回false	基本数据类型	a > b
<	小于	当a小于b时返回true，否则返回false	基本数据类型	a < b
>=	大于或等于	当a大于或等于b时返回true，否则返回false	基本数据类型	a >= b
<=	小于或等于	当a小于或等于b时返回true，否则返回false	基本数据类型	a <= b

示例代码及解析如下。

```
1  #include <iostream>
2  using namespace std;
3  //声明两个全局变量
4  int value1 = 1;
5  int value2 = 2;
6
7  int main() {
8          if (value1 == value2)  {
9                  cout << "value1 == value2" << endl;
10         }
11         if (value1 != value2) {
12                 cout << "value1 != value2" << endl;
13         }
14
15         if (value1 > value2) {
16                 cout << "value1 > value2" << endl;
17         }
18
19         if (value1 < value2) {
20                 cout << "value1 < value2" << endl;
21         }
22
23         if (value1 <= value2) {
24                 cout << "value1 <= value2" << endl;
25         }
26         return 0;
27 }
```

编译后运行。

```
value1 != value2
value1 < value2
value1 <= value2
```

4.4 逻辑运算符

&
|
&&
!
||

逻辑运算符用于对布尔型变量进行运算，其结果也是布尔型的。逻辑运算符有：！、&、|、&& 和||。

运算符	名称	例子	说明
!	逻辑非	!a	当 a 为 true 时，值为 false；当 a 为 false 时，值为 true
&	逻辑与	a & b	当 a、b 全为 true 时，计算结果为 true，否则为 false
|	逻辑或	a | b	当 a、b 全为 false 时，计算结果为 false，否则为 true
&&	短路与	a && b	当 a、b 全为 true 时，计算结果为 true，否则为 false。使用“&&”与“&”运算符的区别：虽然其计算结果都相同，但对于 a&&b，如果 a 为 false，则不计算 b（因为不论 b 为何值，结果都为 false），存在短路现象
||	短路或	a || b	当 a、b 全为 false 时，计算结果为 false，否则为 true。使用“||”与“|”运算符的区别：虽然其计算结果都相同，但对于 a||b，如果 a 为 true，则不计算 b（因为不论 b 为何值，结果都为 true），存在短路现象

小贴士

划重点！

“&&”和“||”运算符都采用了短路设计，短路设计采用了最优化的计算方式，可提高程序的运行效率。在实际编程时，应该优先考虑使用“&&”和“||”运算符。

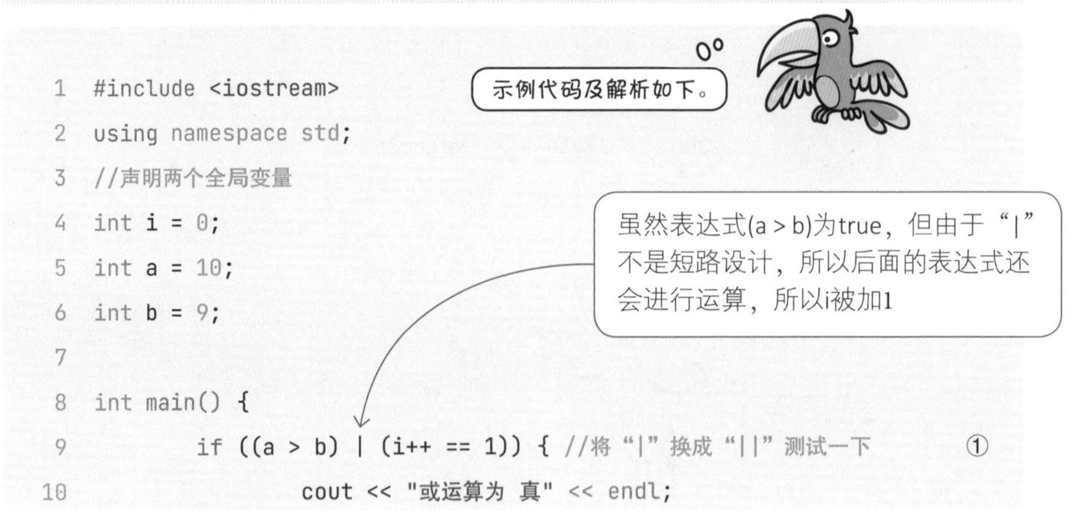
示例代码及解析如下。
虽然表达式(a > b)为true，但由于“|”不是短路设计，所以后面的表达式还会进行运算，所以i被加1

```
1  #include <iostream>
2  using namespace std;
3  //声明两个全局变量
4  int i = 0;
5  int a = 10;
6  int b = 9;
7
8  int main() {
9      if ((a > b) | (i++ == 1)) { //将“|”换成“||”测试一下          ①
10         cout << "或运算为 真" << endl;
```

```
11          } else {
12                  cout << "或运算为 假" << endl;
13          }
14          cout << "i =" << i << endl;
15
16          if ((a < b) && (i++ == 1)) { //将“&&”换成“&”测试一下        ②
17                  cout << "与运算为 真" << endl;
18          } else {
19                  cout << "与运算为 假" << endl;
20          }
21          cout << "i =" << i << endl;
22
23          if ((a > b) & (a++ == --b)) { //将“&”换成“&&”测试一下       ③
24                  i = 0;
25          }
26
27          cout << "a =" << a << endl;
28          cout << "b =" << b << endl;
29
30          return 0;
31  }
```

虽然表达式(a < b)为false，但由于“&&”是短路设计，所以后面的表达式不能进行运算，所以i不被加1

虽然表达式(a < b)为false，但后面的表达式还会进行运算，所以a被加1，b被减1

可以把代码第①行的“|”换成“||”；将代码第②行的“&&”换成“&”；将代码第③行的“&”换成“&&”，感受短路设计的特点。

4.5 位运算符

位运算是以二进位（bit）为单位进行运算的，操作数和结果都是整型数据。位运算符有：~、&、|、^、>> 和 <<，以及相应的赋值运算符（对于赋值运算符，会在 4.6 节专门进行讲解）。

运算符	名称	例子	说明
~	按位反	~x	将x的值按位取反
&	按位与	x&y	将x与y按位进行与计算，若全为1，则这一位为1，否则为0
|	按位或	x|y	将x与y按位进行或运算，只要有一个为1，这一位就为1，否则为0
^	按位异或	x^y	将x与y按位进行异或运算，只有两位相反时，这一位才为1，否则为0
>>	右位移	x>>a	将x右移a位，对高位采用符号位补位
<<	左位移	x<<a	将x左移a位，对低位采用0补位

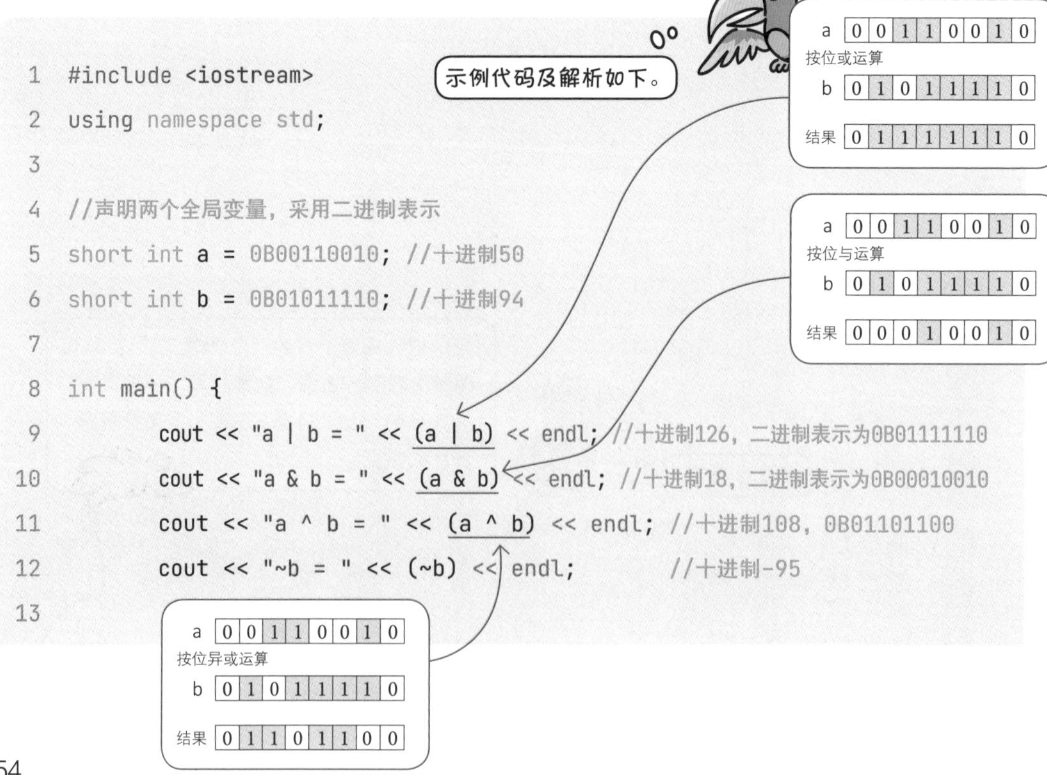


```
1  #include <iostream>
2  using namespace std;
3
4  //声明两个全局变量，采用二进制表示
5  short int a = 0B00110010; //十进制50
6  short int b = 0B01011110; //十进制94
7
8  int main() {
9          cout << "a | b = " << (a | b) << endl; //十进制126，二进制表示为0B01111110
10         cout << "a & b = " << (a & b) << endl; //十进制18，二进制表示为0B00010010
11         cout << "a ^ b = " << (a ^ b) << endl; //十进制108，0B01101100
12         cout << "~b = " << (~b) << endl;         //十进制-95
13
```

```
14        cout << "a >> 2 = " << (a >> 2) << endl; //十进制12，二进制表示为0B00001100
15        cout << "a >> 1 = " << (a >> 1) << endl; //十进制25，二进制表示为0B00011001
16        cout << "a << 2 = " << (a << 2) << endl;  //十进制200，二进制表示为0B11001000
17        cout << "a << 1 = " << (a << 1) << endl;  //十进制100，二进制表示为0B01100100
18
19        int c = -12;
20        cout << "c >> 2 = " << (c >> 2) << endl;   //-3
21        return 0;
22    }
```

```
a | b = 126
a & b = 18
a ^ b = 108
~b =-95
a >> 2 = 12
a >> 1 = 25
a << 2 = 200
a << 1 = 100
c >> 2 =-3
```

编译后运行。

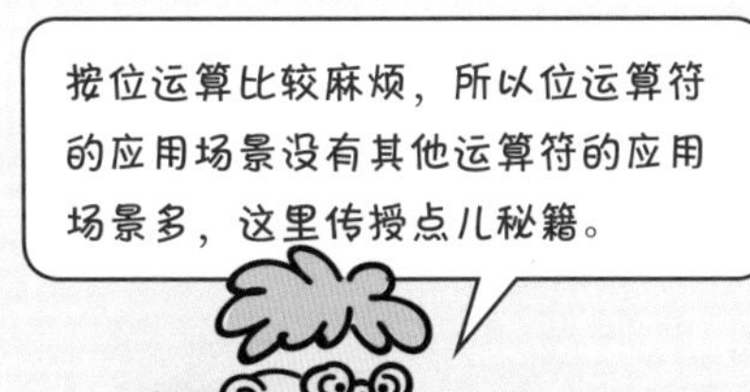
按位运算比较麻烦，所以位运算符的应用场景没有其他运算符的应用场景多，这里传授点儿秘籍。

1 按位取反运算涉及原码、补码、反码运算，比较麻烦。这里提供一个公式：~b =-1 * (b + 1)，如果b为十进制数94，则~b为十进制数-95。

2 右移n位，相当于操作数除以2^n，例如，a >> 2相当于$a / 2^2$，如果a = 50，则结果为12；左移n位，相当于操作数乘以2^n，例如，a << 2相当于$a \times 2^2$，如果a = 50，则结果等于200。

4.6 赋值运算符

赋值运算符只是一种简写，一般用于变量自身的变化。赋值运算符有：+=、-=、*=、/=等。

运算符	含义	例子	说明
+=	加赋值	a += b	a=a+b
-=	减赋值	a-= b	a=a-b
*=	乘赋值	a *= b	a=a*b
/=	除赋值	a /= b	a=a/b
%=	取余赋值	a %= b	a=a%b
<<=	左位移赋值	a<<=b	a=a<<b
>>=	右位移赋值	a>>=b	a=a>>b
&=	按位与赋值	a&=b	a=a&=b
^=	按位异或赋值	a^=b	a=a^b
|=	按位或赋值	a|=b	a=a|b

```
1   #include <iostream>
2   using namespace std;
3
4   //声明两个全局变量
5   int a = 1;
6   int b = 2;
7
8   int main() {
9           a += b; //相当于 a = a + b
10          cout << a << endl;
11          a += b + 3; //相当于 a = a + b + 3
12          cout << a << endl;
```

```
13        a -= b; //相当于 a = a - b
14        cout << a << endl;
15        a *= b; //相当于 a = a * b
16        cout << a << endl;
17        a /= b; //相当于 a = a / b
18        cout << a << endl;
19        a %= b; //相当于 a = a % b
20        cout << a << endl;
21        return 0;
22  }
```

编译后运行。

```
3
8
6
12
6
0
```

4.7 其他运算符

在C++中还有其他运算符，如下所示。

运算符	描述	例子
sizeof	返回数据类型的大小	sizeof(int)
?:	三元运算符或条件运算符，根据条件返回值	x?y:z，其中x、y和z都为表达式，如果x为true，则返回y，否则返回z
&	获得操作数的内存地址	&num，获得num的内存地址
.	访问结构变量或类对象的成员	s1.marks = 92
->	与指针一起使用以访问结构变量或类对象的成员	ptr->marks = 92
<<	输出流运算符，打印数据到控制台	cout << 5
>>	输入流运算符，从控制台读取数据	cin >> num
()	小括号起到改变表达式运算顺序的作用，它的优先级最高	(a+b)，优先计算a+b表达式
[]	中括号，数组下标访问符	a[2]，访问数组a的第3个元素

在前面的学习中，有很多运算符我们没有接触到！
别着急，随着学习的深入，我们一定会接触的。这里再重点讲解三元运算符的内容。

三元运算符的运算形式如下图所示，其中，如果条件表达式为true，则返回表达式1的结果；如果条件表达式为false，则返回表达式2的结果。

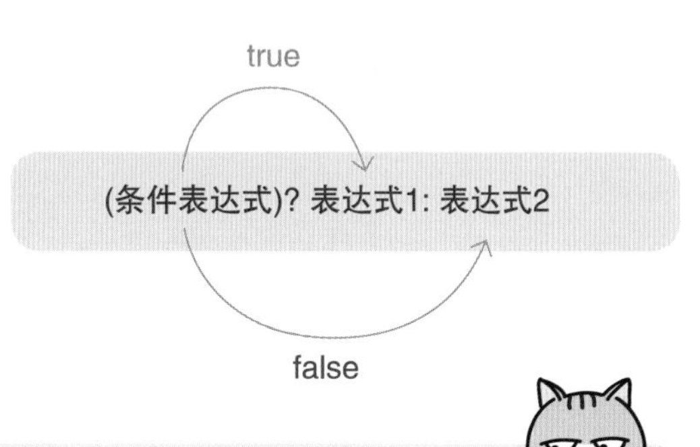
true
(条件表达式)? 表达式1: 表达式2
false

示例代码及解析如下。

```
#include <iostream>
using namespace std;
int main() {
        //成绩
        int score;
        std::cout << "请录入小明的成绩: " << score << std::endl;

        //从控制台读取成绩
        std::cin >> score;
        string a = (score >= 60 ? "及格" : "不及格");
        cout << a << endl;
        return 0;
}
```

从控制台读取成绩

判断表达式“score > = 60”是否为true，如果是，则返回字符串 " 及格 "，否则返回字符串 " 不及格 "

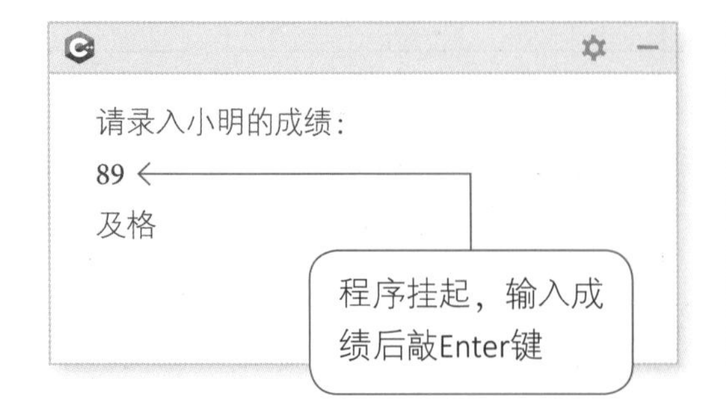
请录入小明的成绩:
89
及格
程序挂起，输入成绩后敲Enter键

请录入小明的成绩:
56
不及格
编译后运行。

4.8 练一练

1 如果所有变量都已正确定义，那么下列选项中的合法赋值语句有哪些？（　）

A. a == 1;

B. ++ i;

C. a = a + 1= 5;

D. y = int (i);

2 如果所有变量都已正确定义，那么下列选项中的非法表达式有哪些？（　）

A. a != 4 || b == 1

B. 'a' % 3

C. 'a' = 1/2

D. 'A' + 32

3 如果定义了int a = 2;，则执行完语句a+= a-= a * a;后，a的值是（　）。

A. 0

B. 4

C. 8

D. -4

4 下列使用“<<”和“>>”操作符的哪些结果是对的？（　）

A. 0B101000000000 >> 4 的结果是0B10100000

B. 0B101000000000 >> 4 的结果是0b10100000

C. 0B101000000000 >> 4 的结果是0100000

D. 0B101000000000 >> 4 的结果是160

5 编程题：从控制台输入3个整数，找出其中最大的一个，并输出到控制台。

6 编程题：从控制台输入1个整数，使用三元运算符判断其是偶数还是奇数。

第5章　让你的程序学会思考

判断语句

假设你正在商场购物，要用if语句判断一件大衣是否适合自己，适合就买，不合适就不买。

本章讲解C++中的判断语句，包括if语句和switch语句。

- if 语句
- switch 语句

5.1 if语句

如果条件表达式的值为true，就执行代码块，否则执行if结构后面的语句。

if语句可分为三种结构：if结构、if-else结构和if-else-if结构。

5.1.1 if 结构

```
if (条件表达式) {
    代码块
}
```

示例代码及解析如下。

```cpp
#include <iostream>
using namespace std;
int main() {
        //成绩
        int score;
        std::cout << "请录入小明的成绩：" << std::endl;

        //从控制台读取成绩
        std::cin >> score;
        //string a = (score >= 60 ? "及格" : "不及格");
        string a = "不及格";
        if (score >= 60) {
                a = "及格";
        }
        cout << a << endl;
        return 0;
}
```

三元运算符，可使用if结构替换

编译后运行。

```
请录入小明的成绩:
89
及格
```

程序挂起，输入分数，敲Enter键

注意

如果在代码块中只有一条语句，那么可以省略大括号。但从编程规范的角度来看，最好不要省略大括号，因为这会降低程序的可读性。

省略大括号的代码如下。

```
1  int main() {
2          //成绩
3          int score;
4          std::cout << "请录入小明的成绩：" << std::endl;
5
6          //从控制台读取成绩
7          std::cin >> score;
8          string a = "不及格";
9          if (score >= 60)
10                 a = "及格";
11         cout << a << endl;
12         return 0;
13 }
```

在if语句中只有一条语句，所以省略了大括号

5.1.2 if-else 结构

```
if (条件表达式) {
  代码块1
} else {
  代码块2
}
```

程序执行到 if 语句时，先判断条件表达式的值，如果值为 true，则执行代码块 1，然后跳过 else 语句及代码块 2，继续执行后面的语句；如果条件表达式的值为 false，则忽略代码块 1，直接执行代码块 2，然后继续执行后面的语句。

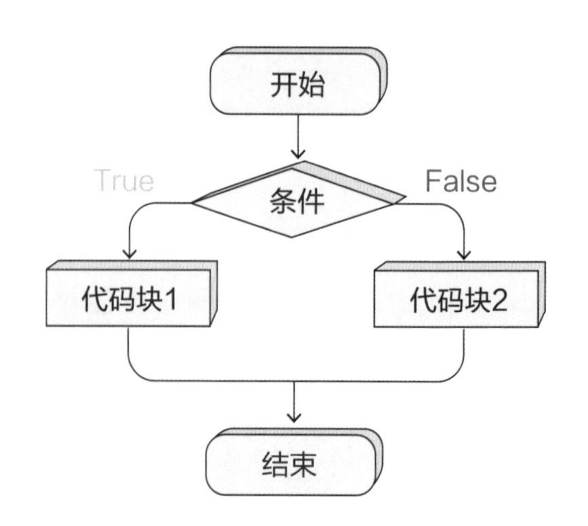

示例代码及解析如下。

```
1  #include <iostream>
2  using namespace std;
3  int main() {
4          //成绩
5          int score;
6          std::cout << "请录入小明的成绩: " << std::endl;
7          //从控制台读取成绩
8          std::cin >> score;
9          //声明变量
10         string a;
11         if (score >= 60) {
12             a = "及格";
13         } else {
14             a = "不及格";
15         }
16         cout << a << endl;
17         return 0;
18 }
```

if-else结构中的if语句

if-else结构中的else语句

请录入小明的成绩:
89
及格
编译后运行。
请录入小明的成绩:
56
不及格
在if-else结构的if和else语句所控制的代码块中，如果只有一条语句，那是不是也可以省略大括号呢?
是哒，你都能举一反三了，真棒!

5.1.3 if-else-if 结构

可以看出，if-else-if 结构实际上是 if-else 结构的多层嵌套，它的明显特点就是可以有多个分支，每个分支都只执行一个代码块，只有满足条件表达式的分支才会被执行，其他分支将被跳过，所以可用于有多种判断结果的分支中。

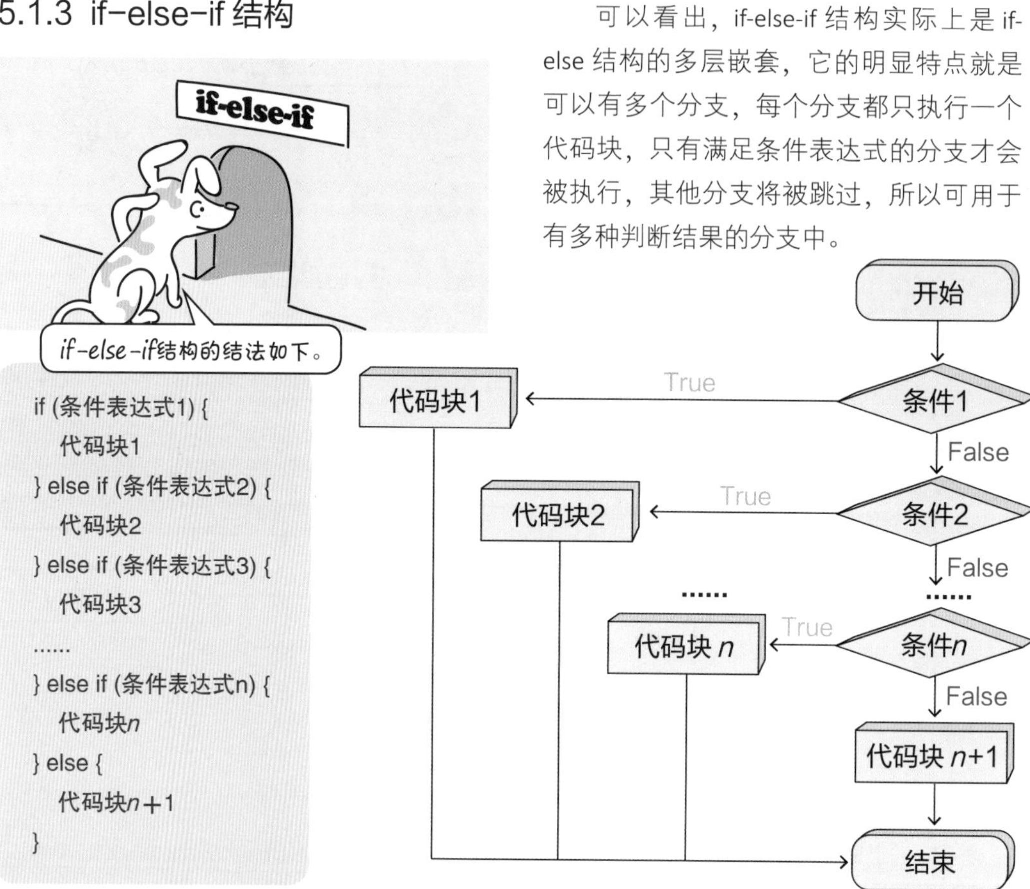


```
if (条件表达式1) {
    代码块1
} else if (条件表达式2) {
    代码块2
} else if (条件表达式3) {
    代码块3
......
} else if (条件表达式n) {
    代码块n
} else {
    代码块n+1
}
```

```
1  #include <iostream>
2  using namespace std;
3  int main() {
4          //成绩
5          int score;
6          std::cout << "请录入小明的成绩：" << std::endl;
7
8          //从控制台读取成绩
9          std::cin >> score;
10         //声明变量
11         char grade;
```

示例代码及解析在此。

```
12          if (score >= 90) {
13              grade = 'A';
14          } else if (score >= 80) {
15              grade = 'B';
16          } else if (score >= 70) {
17              grade = 'C';
18          } else if (score >= 60) {
19              grade = 'D';
20          } else {
21              grade = 'F';
22          }
23          cout << grade << endl;
24          return 0;
25      }
```

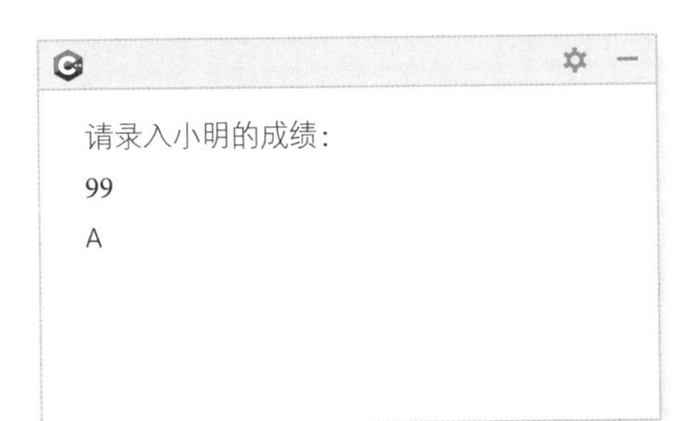

编译后运行。
请录入小明的成绩:
89
B

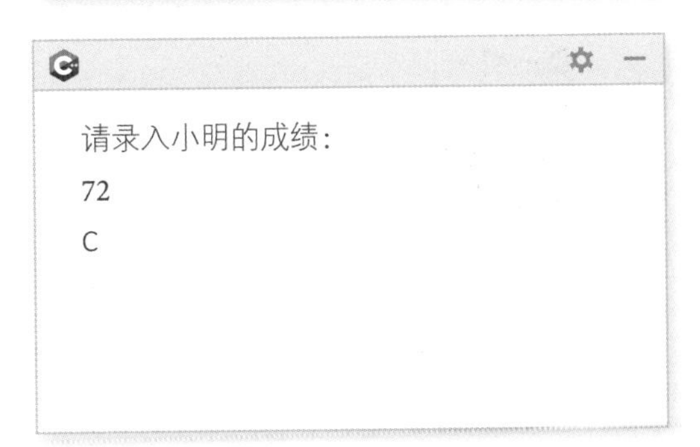

请录入小明的成绩:

78

C

5.2 switch语句

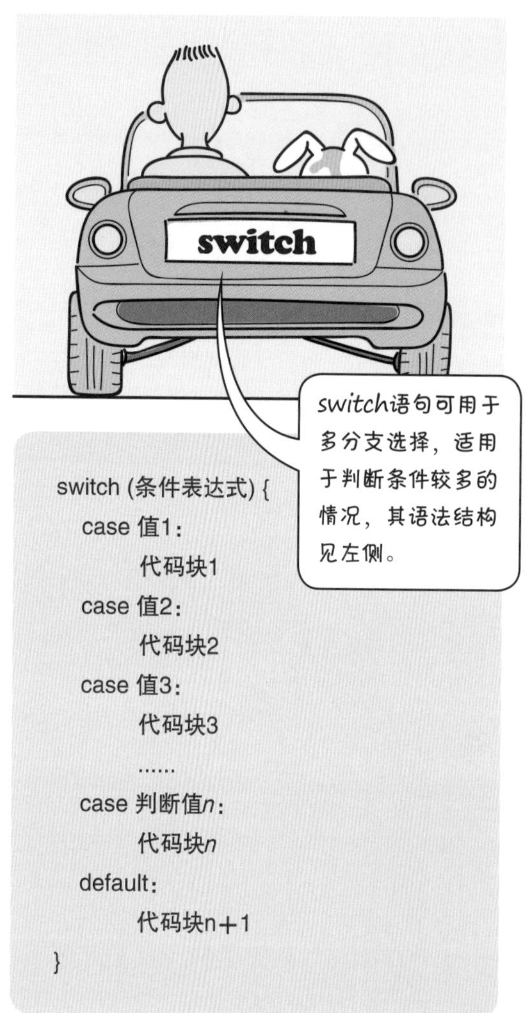

当程序执行到 switch 语句时，先计算条件表达式的值，假设值为 A，则先将 A 与第 1 个 case 语句中的值 1 进行匹配，如果匹配，则执行代码块 1。注意：在代码块执行完成后并不结束 switch 语句，只有遇到 break 语句才结束 switch 语句。如果 A 与第 1 个 case 语句不匹配，则与第 2 个 case 语句进行匹配，如果匹配则执行代码块 2，以此类推，直到执行代码块 *n*。如果所有 case 语句都未被执行，则执行 default 语句的代码块 $n+1$，然后结束 switch 语句。

在使用switch语句时需要注意如下问题。

1　在 switch 语句中，条件表达式的值只能是整型或是能自动转换成整数的类型，比如 bool、char、short int 和枚举类型，以及 int、long int 和它们的无符号类型等，但不能是 float 和 double 等浮点型。

2　可以省略 default 语句。

3　在一般情况下，除了 default 语句，在每个 case 语句之后都应该有 break 语句，以结束 switch 语句，否则程序会执行下一个 case 语句。

```
1  #include <iostream>
2  using namespace std;
3  int main() {
4          //成绩
5          int score;
6          std::cout << "请录入0~100的整数：" << std::endl;
```

```
7
8       //从控制台读取成绩
9       std::cin >> score;
10      char grade;
11      switch (score / 10) {
12      case 10: //score 10是贯通的
13              std::cout << "进入case 10" << std::endl;
14      case 9:
15              std::cout << "进入case 9" << std::endl;
16              grade = 'A';
17              break;
18      case 8:
19              grade = 'B';
20              break;
21      case 7:
22              grade = 'C';
23              break;
24      case 6:
25              grade = 'D';
26              break;
27      default:
28              grade = 'F';
29      }
30      std::cout << "结束switch" << std::endl;
31      cout << grade << endl;
32      return 0;
33  }
```

表达式“score / 10”的值是0～10的整数

在 case 10 语句之后没有 break 语句，在该语句执行结束后，程序会执行 case 9 语句，这种情况被称为“case 10 是贯通的”

```
请录入0~100的整数:
100
进入case 10
进入case 9
结束switch
A
```

编译后运行。

输入 100，执行 case 10 语句，在 case 10 语句执行结束后，并没有结束 switch 语句，而是执行 case 9 语句，事实上，case 9 语句和 case 10 语句都走了相同的分支

5.3 练一练

1 在switch语句中起到跳出作用的关键字是（　）。

A. for

B. break

C. while

D. continue

2 在下列语句执行后，x的值是（　）。

```
1  int a = 3, b = 4, x = 5;
2
3  if (a < b) {
4         a++;
5         ++x;
6  }
```

A. 5　　B. 3　　C. 4　　D. 6

3 下列哪些选项可能是switch语句的条件表达式的计算结果？（　）

A. 0.5

B. 'C'

C. 1056

D. "abcd"

4 在下列语句执行后，x的值是（　）。

```
1  int a = 3, b = 4, x = 5;
2
3  if (a < b || a++ < ++x) {
4         b = 19;
5  }
```

A. 5　　B. 3　　C. 4　　D. 6

5 编程题：从控制台输入1个整数，使用if语句判断其是偶数还是奇数。

6 编程题：从控制台输入两个整数，并将其赋值给两个变量a和b，然后交换两个变量的值，并将运行结果输出到控制台。

第6章　让程序“转”起来吧

循环语句

本章讲解 C++ 中的循环语句和跳转语句，其中，循环语句包括：while、do-while 和 for；跳转语句包括：break、continue 和 goto。在使用 goto 语句时要特别注意，因为 goto 是无条件跳转语句，使用不当的话，会导致程序出错。因此推荐用 break 和 continue 语句替代 goto 语句。

孩子们在操场上玩游戏，一直玩到上课铃响才结束游戏进教室，如此循环，天天重复。

- 循环语句：while、do-while和for
- 跳转语句：break、continue和goto

6.1 循环语句

C++支持三种循环语句：
- while
- do-while
- for

6.1.1 while 循环语句及其循环嵌套

```
while (循环条件) {
    代码块
}
```

while循环语句的语法如上。

在执行 while 循环语句时，先判断循环条件是否为 true，如果循环条件为 true，则执行循环体中的代码块；如果循环条件为 false，则不执行循环体，循环结束。

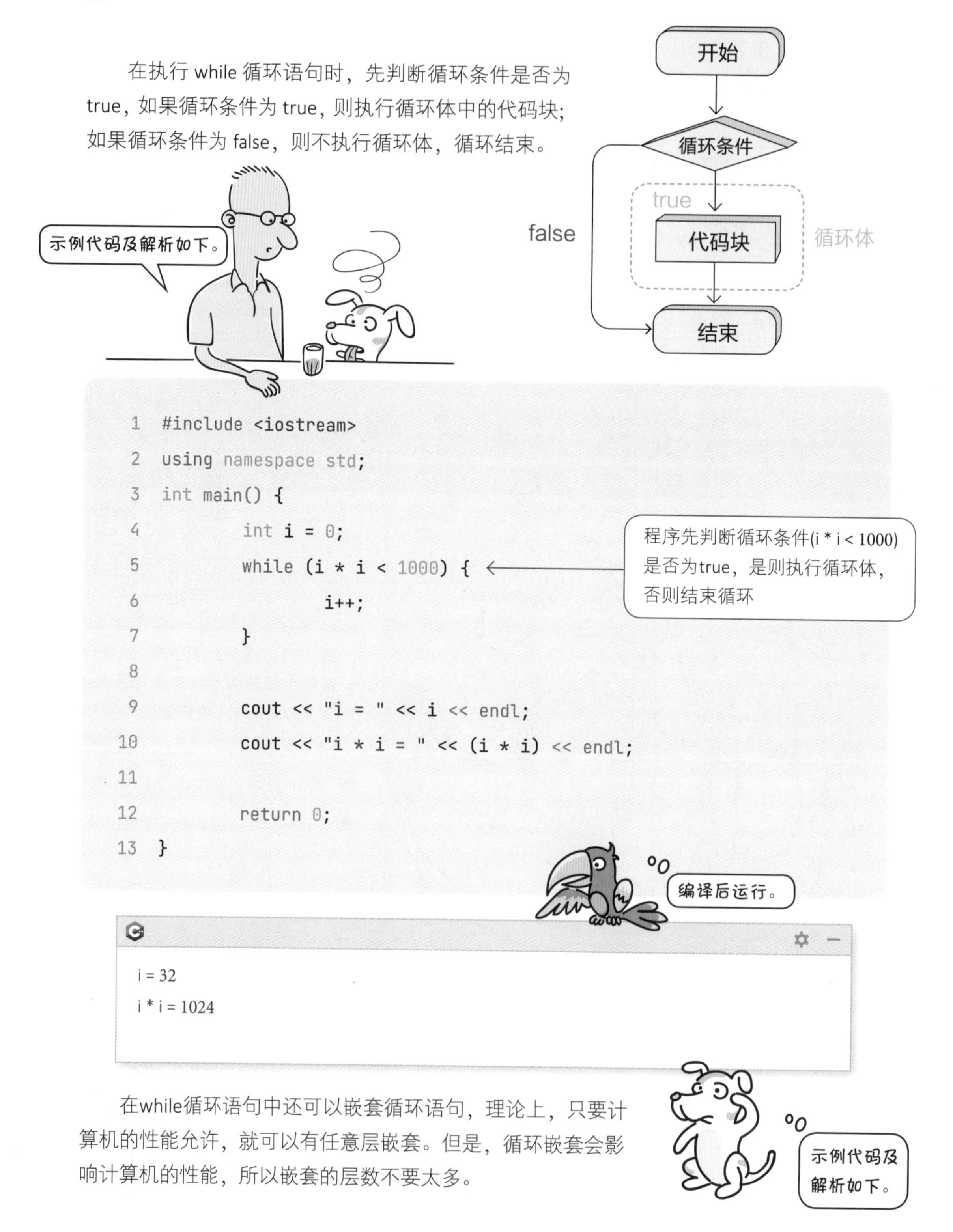
开始
循环条件
true
false
代码块
循环体
结束
示例代码及解析如下。
程序先判断循环条件(i * i < 1000)是否为true，是则执行循环体，否则结束循环
编译后运行。
示例代码及解析如下。

```
1  #include <iostream>
2  using namespace std;
3  int main() {
4          int i = 0;
5          while (i * i < 1000) {
6                  i++;
7          }
8
9          cout << "i = " << i << endl;
10         cout << "i * i = " << (i * i) << endl;
11
12         return 0;
13 }
```

```
i = 32
i * i = 1024
```

在while循环语句中还可以嵌套循环语句，理论上，只要计算机的性能允许，就可以有任意层嵌套。但是，循环嵌套会影响计算机的性能，所以嵌套的层数不要太多。

```
1  #include <iostream>
2  using namespace std;
3  int main() {
4      int i = 0;
5      while (i < 3) {
6          cout << "第1层循环开始" << endl;
7          i++;
8          int j = 0;
9          while ( j < 3) {
10             cout << "第2层循环开始" << endl;
11             j++;
12             cout << "i + j = " << (i + j) << endl;
13         }
14         cout << "第2层循环结束" << endl;
15     }
16     cout << "第1层循环结束" << endl;
17     return 0;
18 }
```

最外层循环，也就是第1层循环

初始化循环变量

初始化循环变量

最外层循环，也就是第1层循环

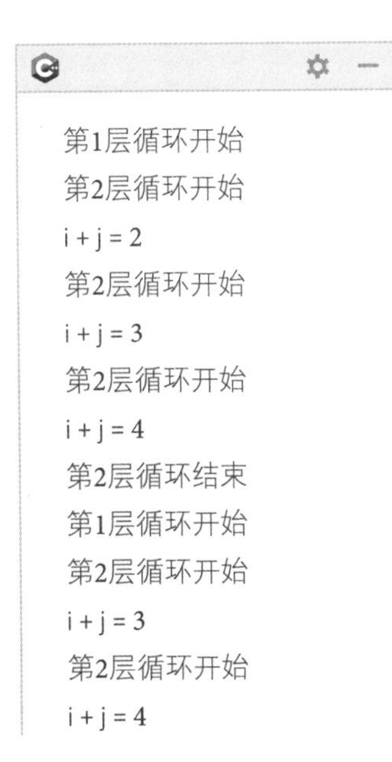
第1层循环开始
第2层循环开始
i + j = 2
第2层循环开始
i + j = 3
第2层循环开始
i + j = 4
第2层循环结束
第1层循环开始
第2层循环开始
i + j = 3
第2层循环开始
i + j = 4

第2层循环开始
i + j = 5
第2层循环结束
第1层循环开始
第2层循环开始
i + j = 4
第2层循环开始
i + j = 5
第2层循环开始
i + j = 6
第2层循环结束
第1层循环结束

以上示例输出的
内容有这么多！
是的，每一层循环3次，计算次数就是3×3即9次，如果是三层嵌套循环，就是3×3×3即27次了，代码如下。

```
1  #include <iostream>
2  using namespace std;
3  int main() {
4      int i = 0;
5      while (i < 3) {
6          cout << "第1层循环开始" << endl;
7          i++;
8          int j = 0;
9          while ( j < 3) {
10             cout << "第2层循环开始" << endl;
11             j++;
12             int k = 0;
13             while ( k < 3) {
14                 cout << "第3层循环开始" << endl;
15                 k++;
16                 cout << "i + j + k = " << (i + j + k) << endl;
17             }
18             cout << "第3层循环结束" << endl;
19         }
20         cout << "第2层循环结束" << endl;
21     }
22     cout << "第1层循环结束" << endl;
23     return 0;
24 }
```

6.1.2 do-while 循环语句及其循环嵌套

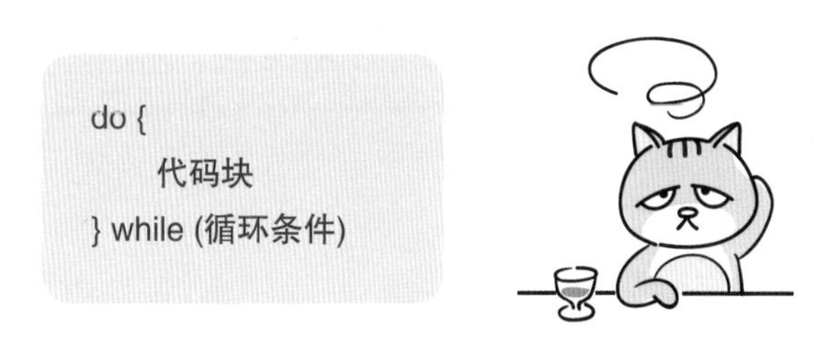

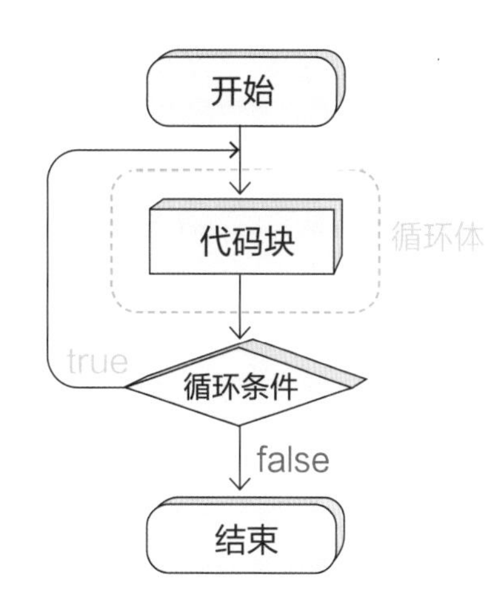

在执行 do-while 循环语句时，无论循环条件是否为 true，都会先执行一次循环体，然后判断循环条件。如果循环条件为 true，则再次执行循环体，否则退出 do-while 循环语句。

示例代码及解析如下。

```
1  #include <iostream>
2  using namespace std;
3  int main() {
4          int i = 0;
5          do {
6                  i++;
7          } while (i * i < 1000);
8
9          cout << "i = " << i << endl;
10         cout << "i * i = " << (i * i) << endl;
11
12         return 0;
13 }
```

在循环体执行完成后判断循环条件(i * i < 1000)是否为true，是则执行循环体，否则结束循环

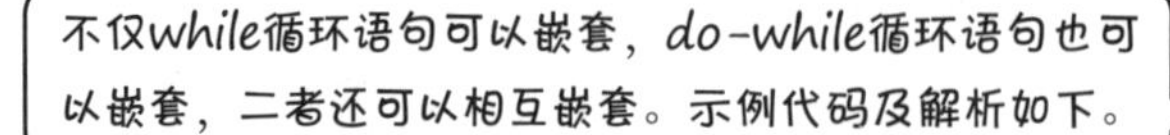

不仅while循环语句可以嵌套，do-while循环语句也可以嵌套，二者还可以相互嵌套。示例代码及解析如下。

```
1  #include <iostream>
2  using namespace std;
3  int main() {
4      int i = 0;
5      do {                              // 第1层循环中的是do-while循环语句
6          cout << "第1层循环开始" << endl;
7          i++;
8          int j = 0;
9          while ( j < 3) {              // 第2层循环中的是while循环语句
10             cout << "第2层循环开始" << endl;
11             j++;
12             cout << "i + j = " << (i + j) << endl;
13         }
14         cout << "第2层循环结束" << endl;
15
16     } while (i < 3);
17
18     cout << "第1层循环结束" << endl;
19     return 0;
20 }
```

6.1.3 for 循环语句及其循环嵌套

for循环语句的应用非常广泛，语法如下。

```
for (初始化语句; 循环条件; 迭代语句) {
    代码块
}
```

for 循环语句首先会执行初始化语句，其作用是初始化循环变量和其他变量，然后判断循环条件是否为 true，如果循环条件为 true，则执行循环体，在循环体执行结束后再执行迭代语句，之后再次判断循环条件是否为 true，如此反复，直到判断循环条件不为 true 时结束循环。

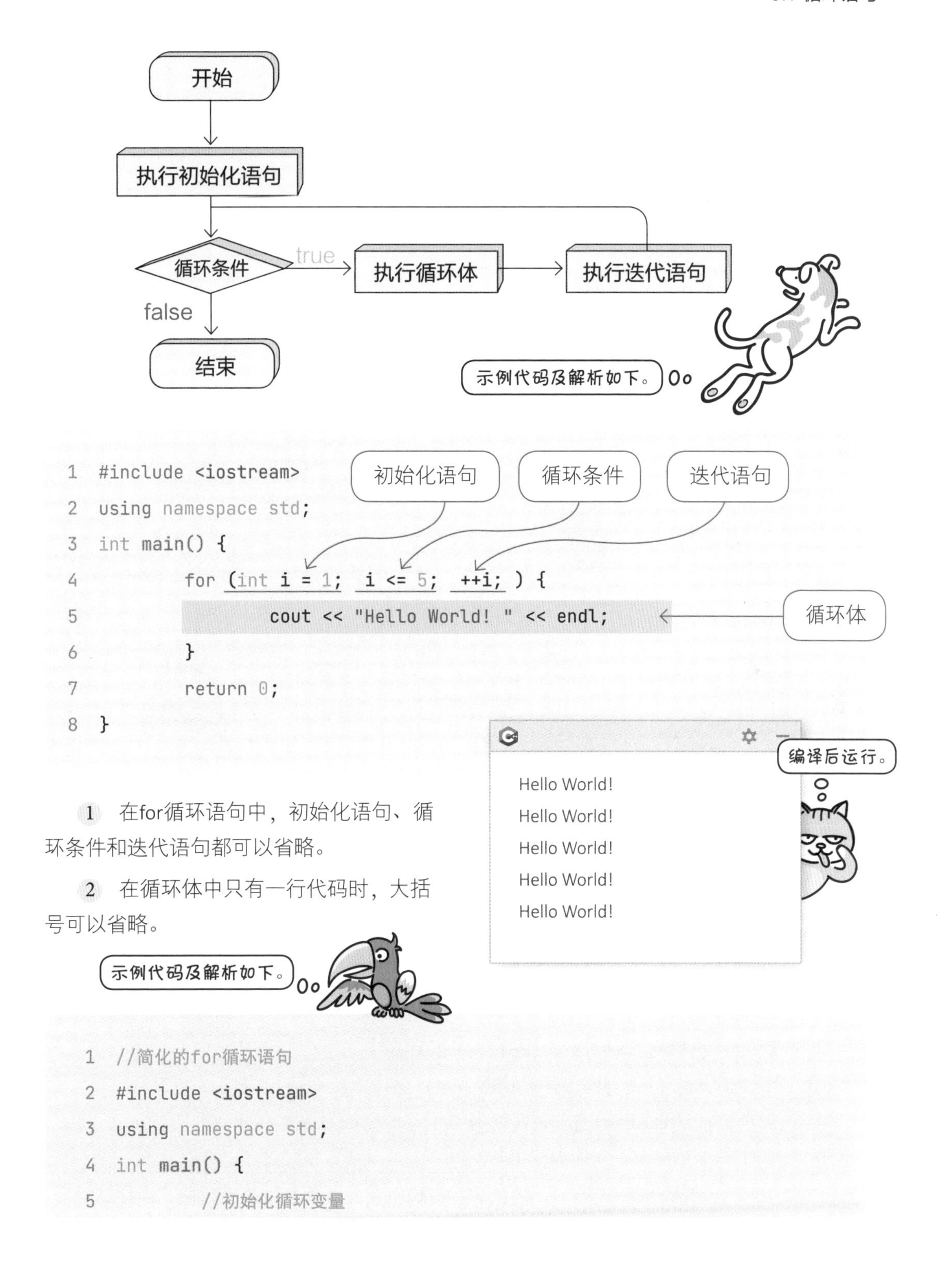


```
1 #include <iostream>
2 using namespace std;
3 int main() {
4     for (int i = 1;  i <= 5;  ++i; ) {
5         cout << "Hello World! " << endl;
6     }
7     return 0;
8 }
```

1 在for循环语句中，初始化语句、循环条件和迭代语句都可以省略。

2 在循环体中只有一行代码时，大括号可以省略。

```
1 //简化的for循环语句
2 #include <iostream>
3 using namespace std;
4 int main() {
5     //初始化循环变量
```

```
6         int x = 0;                              ①
7         int y = 10;                             ②
8
9         for (; x < y;) {
10                cout << " x = " << x << "   " << "y = " << y << endl;
11
12                //迭代语句
13                x++;                            ③
14                y--;                            ④
15        }
16        return 0;
17 }
```

这里省略初始化语句，将初始化语句挪到了for语句之前，见代码第①行和第②行

省略的迭代语句见代码第③行和第④行

编译后运行。

```
x = 0 y = 10
x = 1 y = 9
x = 2 y = 8
x = 3 y = 7
x = 4 y = 6
```

for 循环语句与 while、do-while 循环语句类似，也可以嵌套，三者还可以相互嵌套，这里不再赘述。下面通过 for 循环语句的嵌套实现九九乘法表。

示例代码及解析如下。

```
1 #include <iostream>
2 using namespace std;
3 int main() {
4     for (int i = 1; i < 10; i++) {
5         for (int j = 1; j < (i + 1); j++) {
6             cout << j << "x" << i << "=" << i *j << " ";
7         }
8         //输出换行符
```

外循环负责输出九九乘法表中的行数据，外循环10次

内循环负责输出九九乘法表中的列数据，内循环次数会逐一递减，其中(i + 1)表达式控制输出的列数

```
 9            cout << endl;
10        }
11        return 0;
12    }
```

在一行结束后需要输出换行符

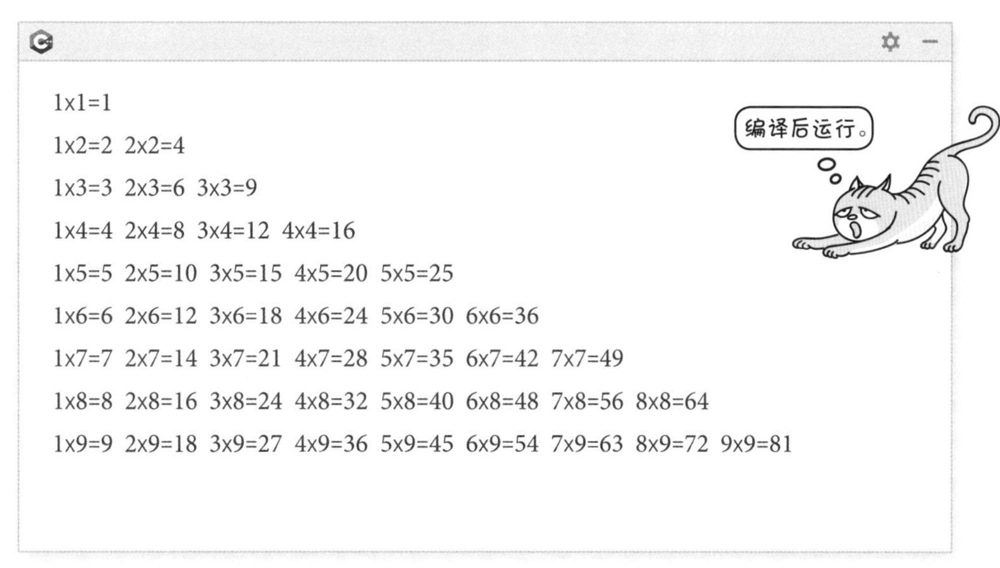

```
1x1=1
1x2=2  2x2=4
1x3=3  2x3=6  3x3=9
1x4=4  2x4=8  3x4=12  4x4=16
1x5=5  2x5=10  3x5=15  4x5=20  5x5=25
1x6=6  2x6=12  3x6=18  4x6=24  5x6=30  6x6=36
1x7=7  2x7=14  3x7=21  4x7=28  5x7=35  6x7=42  7x7=49
1x8=8  2x8=16  3x8=24  4x8=32  5x8=40  6x8=48  7x8=56  8x8=64
1x9=9  2x9=18  3x9=27  4x9=36  5x9=45  6x9=54  7x9=63  8x9=72  9x9=81
```


6.2 跳转语句

常见的跳转语句有：
- break
- continue
- goto

6.2.1 break 语句

break语句既可以在switch语句中使用，也可以在循环语句中使用，可用于强行退出循环体。

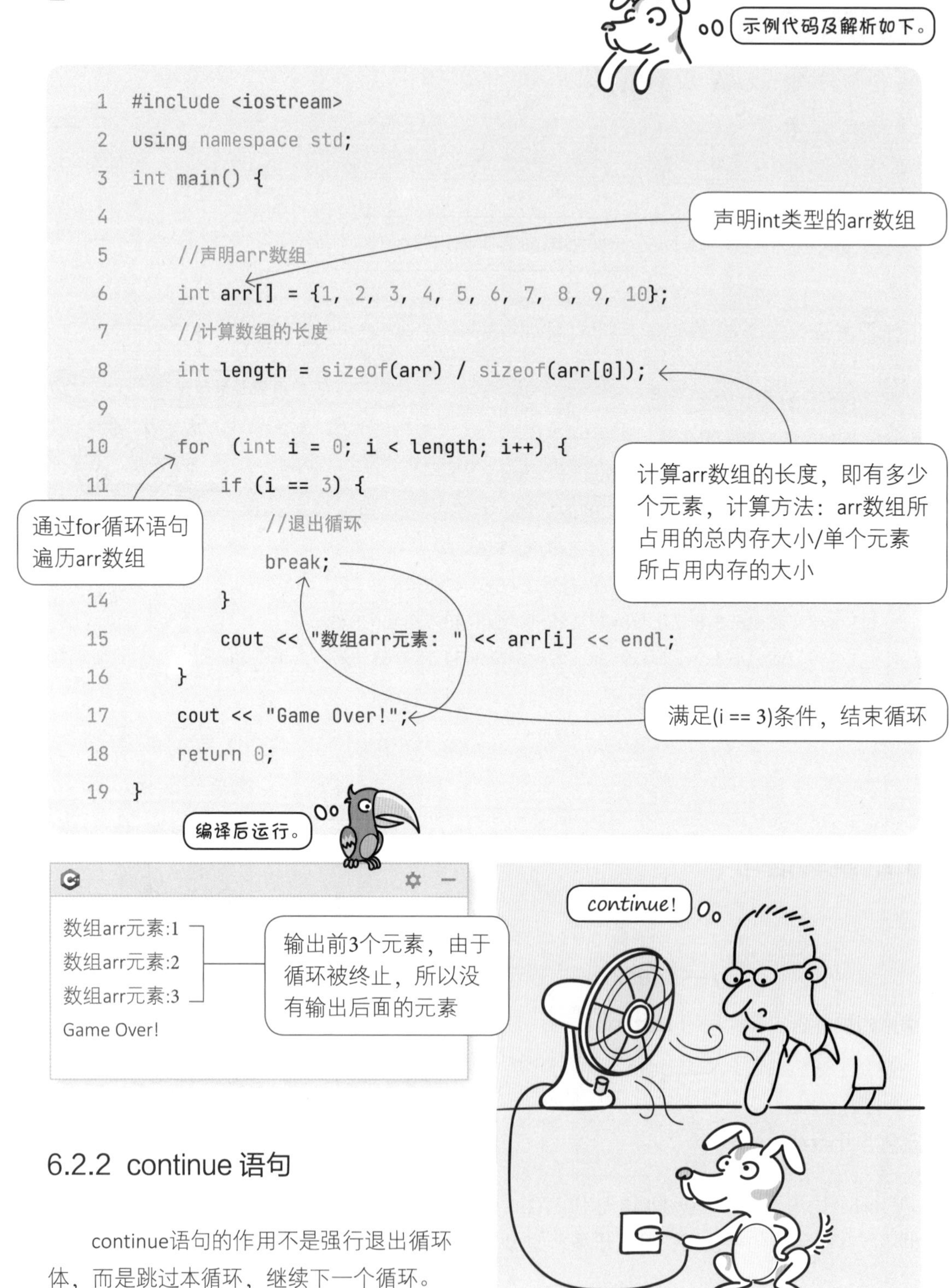

示例代码及解析如下。
声明int类型的arr数组
计算arr数组的长度，即有多少个元素，计算方法：arr数组所占用的总内存大小/单个元素所占用内存的大小
通过for循环语句遍历arr数组
满足(i == 3)条件，结束循环
编译后运行。
输出前3个元素，由于循环被终止，所以没有输出后面的元素
continue!


```
#include <iostream>
using namespace std;
int main() {

    //声明arr数组
    int arr[] = {1, 2, 3, 4, 5, 6, 7, 8, 9, 10};
    //计算数组的长度
    int length = sizeof(arr) / sizeof(arr[0]);

    for  (int i = 0; i < length; i++) {
        if (i == 3) {
            //退出循环
            break;
        }
        cout << "数组arr元素: " << arr[i] << endl;
    }
    cout << "Game Over!";
    return 0;
}
```

```
数组arr元素:1
数组arr元素:2
数组arr元素:3
Game Over!
```

6.2.2 continue 语句

continue语句的作用不是强行退出循环体，而是跳过本循环，继续下一个循环。

示例代码及解析如下。

```
#include <iostream>
using namespace std;
int main() {
    //声明arr数组
    int arr[] = {1, 2, 3, 4, 5, 6, 7, 8, 9, 10};
    //计算数组的长度
    int length = sizeof(arr) / sizeof(arr[0]);

    for (int i = 0; i < length; i++) {
        if (i == 3) {
            //跳过本循环，继续下一个循环
            continue;
        }
        cout << "数组arr元素: " << arr[i] << endl;
    }
    cout << "Game Over!";
    return 0;
}
```

编译后运行。

```
数组arr元素:1
数组arr元素:2
数组arr元素:3
数组arr元素:5
数组arr元素:6
数组arr元素:7
数组arr元素:8
数组arr元素:9
数组arr元素:10
Game Over!
```

第4个元素未被输出，其他元素都已被输出

goto

label

6.2.3 goto 语句

goto语句是无条件跳转语句，用于跳转到goto关键字后面标签所指定的代码行。

```
1  #include <iostream>
2  using namespace std;
3  int main() {
4      //声明arr数组
5      int arr[] = {1, 2, 3, 4, 5, 6, 7, 8, 9, 10};
6      //计算数组的长度
7      int length = sizeof(arr) / sizeof(arr[0]);
8
9      for (int i = 0; i < length; i++) {
10         if (i == 3) {
11             goto label;
12             //跳转到标签label所指定的代码行
13         }
14         cout << "数组arr元素: " << arr[i] << endl;
15     }
16 label: cout << "Game Over!";
17     return 0;
18 }
```

goto语句用于跳转到label标签所指定的代码行

对标签的命名应该遵循标识符命名规范，标签后面是冒号（:）

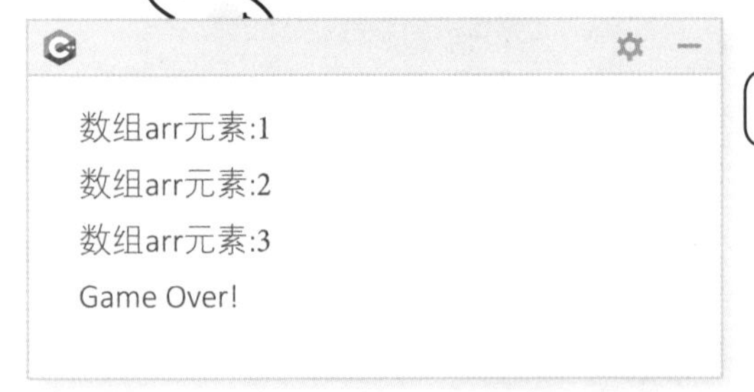

goto 语句虽然好用，却会使程序的控制流难以跟踪，在使用不当时可能导致程序出错。推荐用 break、continue 语句替代 goto 语句。

怎样算是使用不当呢？
下面举个“死循环”的例子。

示例代码及解析如下。

```
1  //使用goto语句不当所导致的死循环
2  #include <iostream>
3  using namespace std;
4  int main() {
5      //声明arr数组
6      int arr[] = {1, 2, 3, 4, 5, 6, 7, 8, 9, 10};
7      //计算数组的长度
8      int length = sizeof(arr) / sizeof(arr[0]);
9
10 label1:
11     for (int i = 0; i < length; i++) {
12         if (i == 3) {
13             goto label1;
14             //跳转到标签label所指定的代码行
15         }
16         cout << "数组arr元素: " << arr[i] << endl;
17     }
18 label2:
19     cout << "Game Over!";
20
21     return 0;
22 }
```

声明标签label1

goto语句用于跳转到标题label2所指定的代码行，结果由于程序员的疏忽，label2被误写成了 label1

声明标签label2

死循环！

6.3 练一练

1 能从循环体中跳出的语句是（　）。

A. for;

B. break;

C. while;

D. continue;

2 以下代码在编译运行后，下列哪个选项会出现在输出结果中。（　）

```
1  #include<iostream>
2  using namespace std;
3  int main()
4
5  {
6      for (int i = 0; i < 3; i++)
7      {
8          for (int j = 3; j >= 0; j--)
9          {
10             if (i == j)
11                 continue;
12             cout << "i=" << i << " j=" << j <<endl;
13         }
14     }
15     return 0;
16 }
```

A. i=0 j=3

B. i=0 j=0

C. i=2 j=2

D. i=0 j=2

E. i=0 j=1

3 运行以下代码后，下列哪个选项中会被包含在输出结果中。（ ）

```
1  #include<iostream>
2  using namespace std;
3  int main()
4  {
5      int i = 0;
6      do
7      {
8          cout << "i = " << i << endl;
9      } while (--i > 0);
10     cout << "完成" << endl;
11
12     return 0;
13 }
```

A. i = 3

B. i = 1

C. i = 0

D. 完成

4 判断对错：

A. goto语句非常灵活，使用起来非常方便，在程序中应该优先使用它。（ ）

B. goto语句是用来替代break和continue语句的。（ ）

5 编程题：给定如下数组，找出其中的最大值，并将结果输出到控制台。

{23.4,-34.5, 50.0, 33.5, 155.5,-66.5}

6 编程题：从控制台输入一个整数，判断该整数是否为素数。

7 编程题：从控制台输入一个整数n，计算0～n之和。

第7章　保存相同类型数据的容器

数组

本章首先讲解C++中数组的基本特性：一致性、有序性和不可变性，然后讲解如何声明和初始化数组。读者应重点掌握一维数组，熟悉二维数组，了解三维等高维数组。

● 数组的基本特性　● 一维数组　● 二维数组　● 多维数组

7.1 数组那些事儿

数组是派生数据类型的一种，是能够保存多个相同类型的数据的容器，在计算机语言中是非常重要的数据类型。

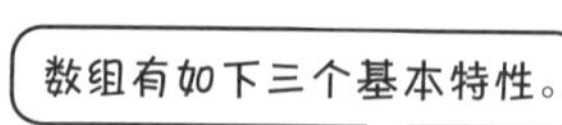

7.1.1 数组的基本特性

1 一致性：数组只能保存相同类型的数据。

2 有序性：数组中的元素是有序的，通过数组下标进行访问。

3 不可变性：数组一旦被初始化，则长度（数组中元素的个数）不可变。

7.1.2 数组的维度

数组根据维度，可以分为一维数组、二维数组、三维数组等。我们一般很少使用三维以上的数组，维度越高，计算机运行效率越低。可以这样理解：一个数据是一个“点”，一维数组是一条“直线”，二维数组是一个“平面”，三维数组是一个“立方体”。”

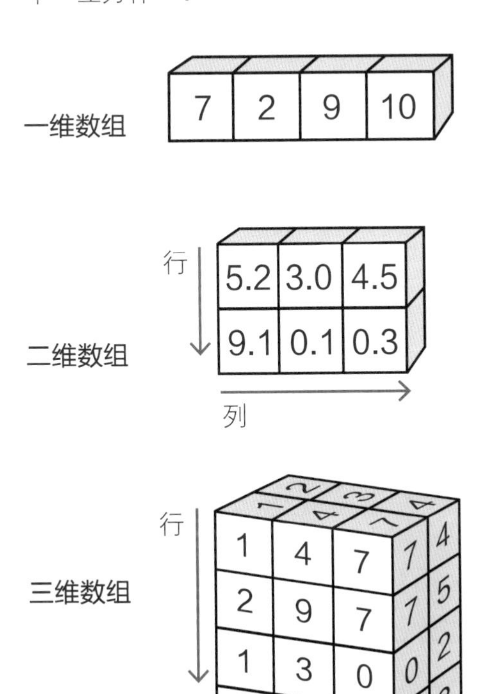

7.2 一维数组

对数组的基本操作，一般是声明数组、初始化数组和访问数组中的元素。下面从一维数组开始讲起。

7.2.1 声明一维数组

声明一维数组指的是指定一维数组的类型和长度，并为一维数组开辟内存空间。

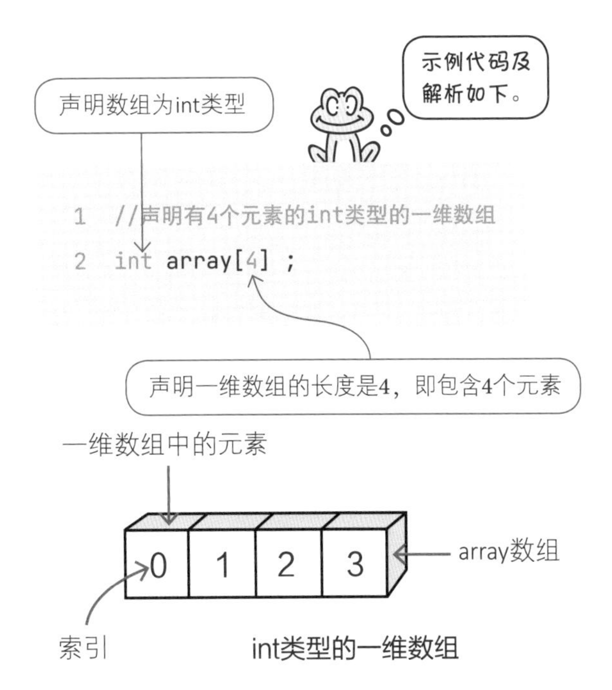

7.2.2 初始化一维数组

我们在声明一维数组时还应该为一维数组中的每一个元素都提供初始值，即初始化一维数组。如果没有为一维数组中的元素提供初始值，系统就会为其提供默认值，例如，int 类型元素的默认值是 0，浮点型元素的默认值是 0.0 等。

示例代码及解析如下。

```
1  #include <iostream>
2  using namespace std;
3  int main() {
4          //声明有4个元素的int类型的一维数组
5          int array1[4];
6
7          cout << "array1 占用字节：" << sizeof(array1) << endl;
8
9          //初始化
10         array1[0] = 7;
11         array1[1] = 2;
12         array1[2] = 9;
13         array1[3] = 10;
14
15         //声明且初始化
16         int array2[4]= {7, 2, 9, 10};
17
18         cout << "array2 占用字节：" << sizeof(array2) << endl;
19         int array3[] = {7, 2, 9, 10};
20
21         return 0;
22 }
```

逐个初始化一维数组中的每一个元素

指定一维数组中元素的个数

声明并初始化一维数组，大括号中的内容是一维数组中的元素，元素之间以逗号分隔

元素的个数可以省略

编译后运行。

```
array1 占用字节：16
array2 占用字节：16
```

因为一个 int 类型的数据占用 4 字节，每个一维数组都有 4 个元素，所以每个一维数组都占用 16 字节

7.2.3 访问一维数组中的元素

对一维数组中元素的访问可以通过中括号运算符和元素的索引进行。

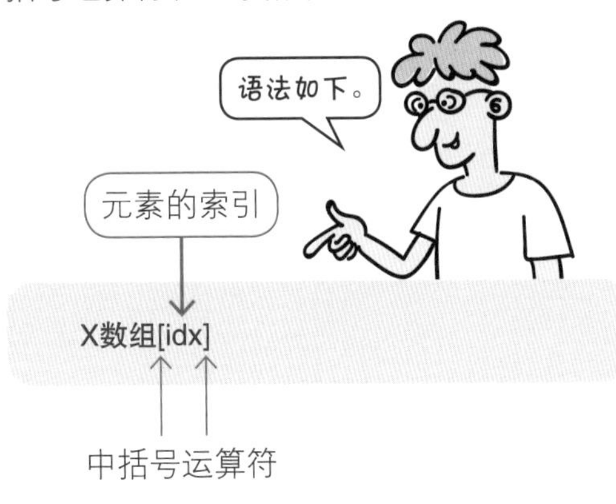

例如，array[0] 表示访问 array 数组的第 1 个元素，0 是其索引。注意：在一维数组中，元素的索引从 0 开始，从前往后依次加 1，最后一个元素的索引是一维数组的长度减 1。

见下图。

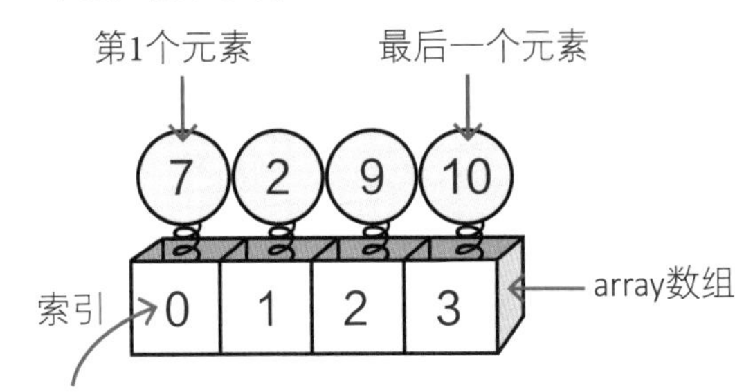

示例代码及解析如下。

```
1  #include <iostream>
2  using namespace std;
3  int main() {
4          //声明并初始化
5          int array[] = {7, 2, 9, 10};
6
7          //计算array数组的长度
8          int length = sizeof(array) / sizeof(array[0]);
9
10         //遍历array数组
11         for (int i = 0; i < length; i++) {
12                 cout << array[i]  << endl;
13         }
14
15         cout << array[-10]  << endl;
16         cout << array[10]  << endl;
17         return 0;
18 }
```

通过for循环遍历array数组

访问array数组中的元素

指定的索引超出范围，返回的数据是随机、无意义的

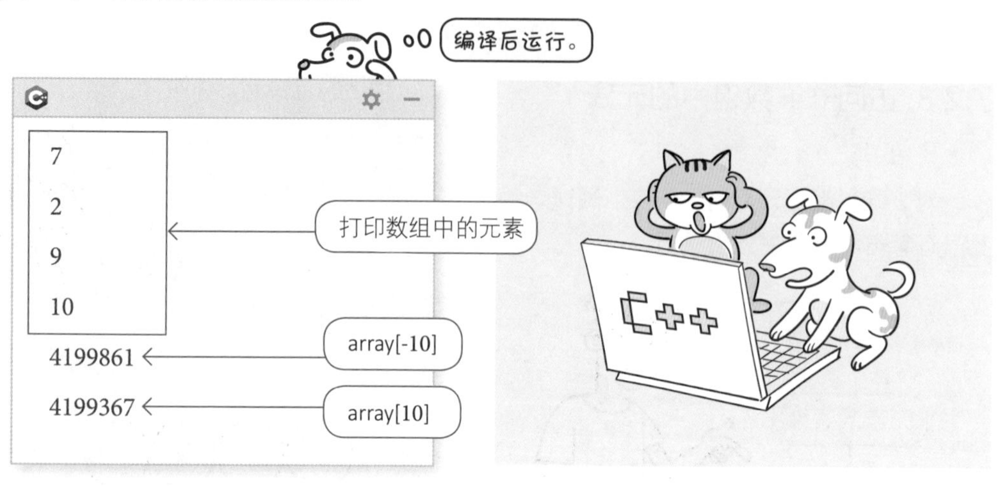

7.3 二维数组

在二维数组中，每一个元素仍是一个一维数组。

7.3.1 声明二维数组

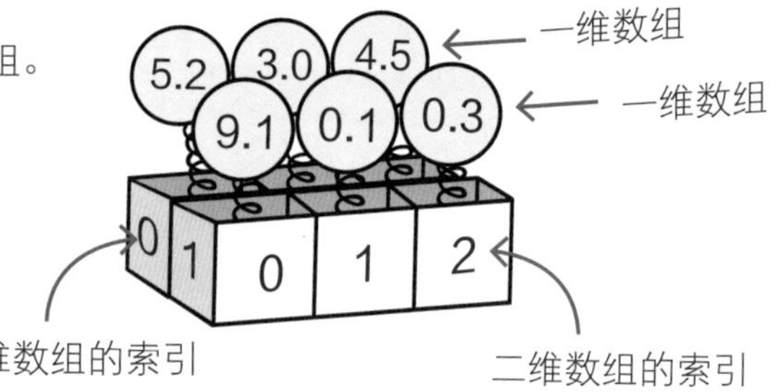

在声明一维数组时，需要指定一维数组的类型和长度。而在声明二维数组时，需要指定行和列的长度，就是行数和列数。

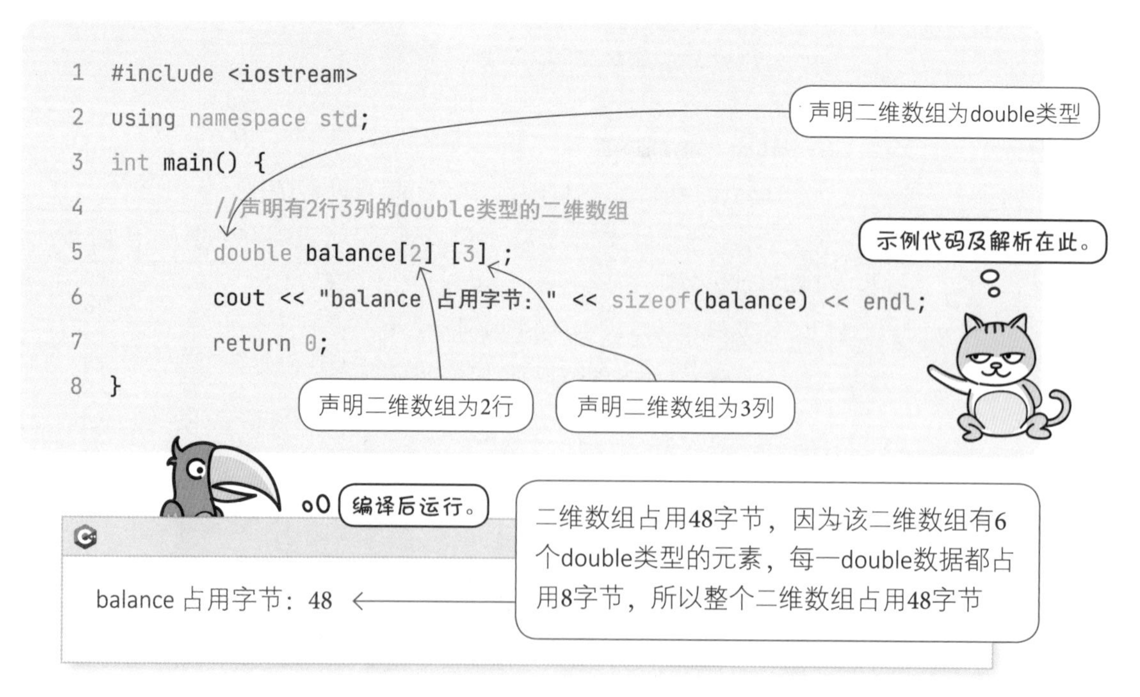

1 #include <iostream>
2 using namespace std;
3 int main() {
4 //声明有2行3列的double类型的二维数组
5 double balance[2] [3] ;
6 cout << "balance 占用字节: " << sizeof(balance) << endl;
7 return 0;
8 }
声明二维数组为double类型
示例代码及解析在此。
声明二维数组为2行
声明二维数组为3列
编译后运行。
balance 占用字节：48
二维数组占用48字节，因为该二维数组有6个double类型的元素，每一double数据都占用8字节，所以整个二维数组占用48字节

7.3.2 初始化二维数组

初始化二维数组主要有以下两种方法。

1 通过一维数组初始化二维数组。

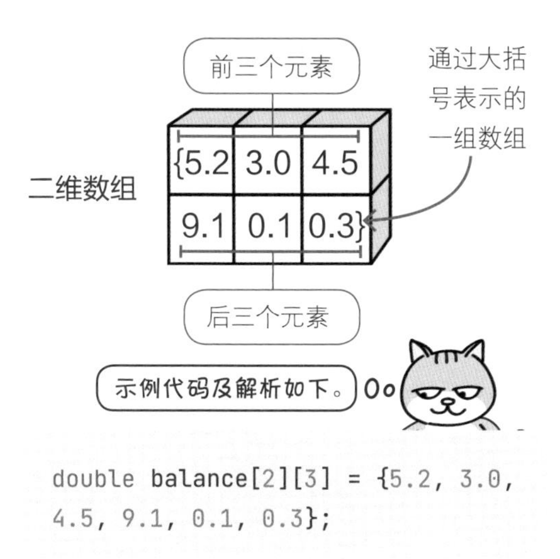


```
double balance[2][3] = {5.2, 3.0,
4.5, 9.1, 0.1, 0.3};
```

2 通过数组嵌套初始化二维数组。

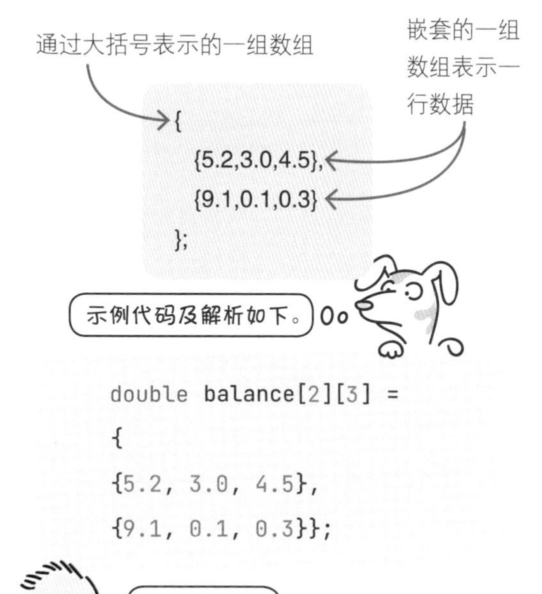


```
double balance[2][3] =
{
{5.2, 3.0, 4.5},
{9.1, 0.1, 0.3}};
```

7.3.3 访问二维数组中的元素

对二维数组中元素的访问也是通过中括号运算符和元素的索引进行的。

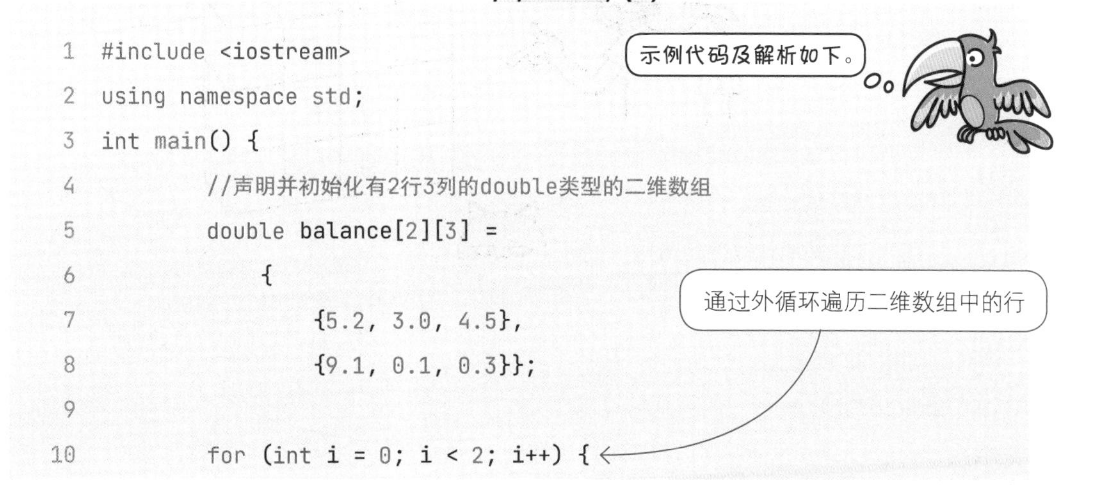


```
1  #include <iostream>
2  using namespace std;
3  int main() {
4          //声明并初始化有2行3列的double类型的二维数组
5          double balance[2][3] =
6              {
7                  {5.2, 3.0, 4.5},
8                  {9.1, 0.1, 0.3}};
9
10         for (int i = 0; i < 2; i++) {
```

通过内循环遍历二维数组中的列

```
11              for (int j = 0; j < 3; j++) {
12                  cout << balance[i][j] << "      ";
13              }
14              //打印一个换行符
15              cout << endl;
16          }
17          return 0;
18  }
```

访问二维数组中的元素

oO 编译后运行。

```
5.2    3    4.5
9.1    0.1    0.3
```

7.4 三维数组

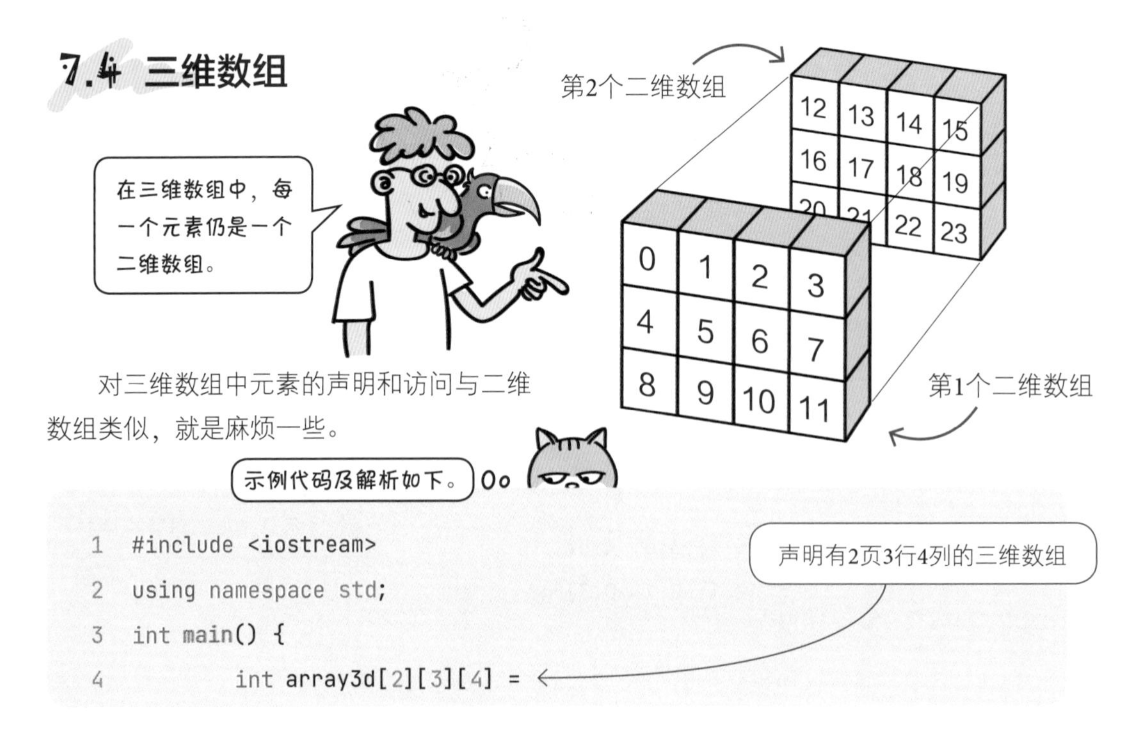

对三维数组中元素的声明和访问与二维数组类似，就是麻烦一些。

示例代码及解析如下。Oo

声明有2页3行4列的三维数组

```
1  #include <iostream>
2  using namespace std;
3  int main() {
4          int array3d[2][3][4] =
```

```
5        {
6            {{0, 1, 2, 3},
7             {4, 5, 6, 7},
8             {8, 9, 10, 11}},
9
10           {{12, 13, 14, 15},
11            {16, 17, 18, 19},
12            {20, 21, 22, 23}}
13       };
14       cout << "array3d 占用字节：" << sizeof(array3d) << endl;
15
16       for << endl; (int i = 0; i < 2; i++) {
17           for (int j = 0; j < 3; j++) {
18               for (int k = 0; k < 4; k++) {
                     cout << array3d[i][j][k] << "    ";
20               }
21               //打印一个换行符
22               cout << endl;
23           }
24           //打印一个换行符
25           cout << "-----" << i << "层结束-------" << endl;
26       }
27       return 0;
```

初始化三维数组

计算三维数组array3d所占用的内存空间

通过三个for循环遍历三维数组

访问三维数组中的元素

```
array3d占用字节：96
0    1    2    3
4    5    6    7
8    9    10    11
-----0层结束-------
12    13    14    15
16    17    18    19
20    21    22    23
-----1层结束-------
```

编译后运行。

7.5 练一练

1 下列哪个选项正确声明了整型数组a[]。（　）

A. string a[];

B. int a[2];

C. int[2] a;

D. int[] a;

2 下列哪个选项正确初始化了整型数组a[]。（　）

A. int a[2] = {9, 10};

B. int a[2] = new {9, 10};

C. int a[2] = [9, 10];

D. int a[2];
a[0] = 9;
a[1] = 10;

3 数组的基本特性有哪些？（　）

A. 一致性

B. 有序性

C. 不可变性

D. 原子性

4 判断对错：

A. 数组的长度是可变的。（　）

B. 对数组中元素的访问可以通过元素的索引进行，元素的索引是从1开始的。（　）

5 编程题：从控制台输入一个整数*n*，声明有*n*个元素的整型数组。

6 编程题：初始化0～999共计1000个元素的整型数组，利用这个数组计算水仙花数。

水仙花数指一个三位数，它的每个位上的数字的三次幂之和等于它本身。
1
2
3
5
6
7
8
9
10
11

第8章　把字符给我串起来！准备烧烤

字符串

本章重点讲解C语言风格的字符串，以及C++标准库提供的字符串，最后讲解字符串中的转义字符，读者应该重点掌握标准库中的字符串类string，熟悉字符串的拼接、追加、比较、截取，以及字符串查找等函数。

字符串就是由字符组成的串。注意：字符是用单引号包裹起来的，而字符串是用双引号包裹起来的。

- C语言风格的字符串
- C++标准库提供的字符串
- 字符串中的转义字符

划重点。

8.1 字符串那些事儿

在C++中使用的字符串有两种类型：

1. C语言风格的字符串；
2. C++标准库提供的字符串。

由于 C++ 是源于 C 语言的，所以在 C++ 中不但可以编写 C 代码，也可以使用 C 语言风格的字符串，只是这种字符串不是面向对象的；而 string 类型的字符串是由 C++ 标准库提供的，是面向对象的。

8.1.1 C 语言风格的字符串

C语言风格的字符串虽然很少被用到，但理解它有助于我们理解字符串的底层原理。

字符串本质上就是字符数组，下面声明和初始化C语言风格的字符串。

```
char str[] = "hello"
```

声明字符串变量str，它就是一个字符数组

初始化str

示例代码及解析如下。

```
1  #include <iostream>
2  using namespace std;
3  int main() {
4          char str[] = "Hello";
5          cout << str << endl;
6
7          //计算数组的长度并输出
8          int length = sizeof(str) / sizeof(str[0]);
9          cout << "str的长度：" << length << endl;
10
11         return 0;
12 }
```

编译后运行。

```
Hello
str的长度：6
```

字符串"Hello"的长度是5！为什么上面示例输出的是6呢？
这很正常。为了表示字符串的结束，C++编译器会在初始化数组时，自动把空字符null放在字符串的末尾，空字符null在计算机中被表示为"\0"。字符串"Hello"在内存中的表示参见右下角的图，其长度为6。

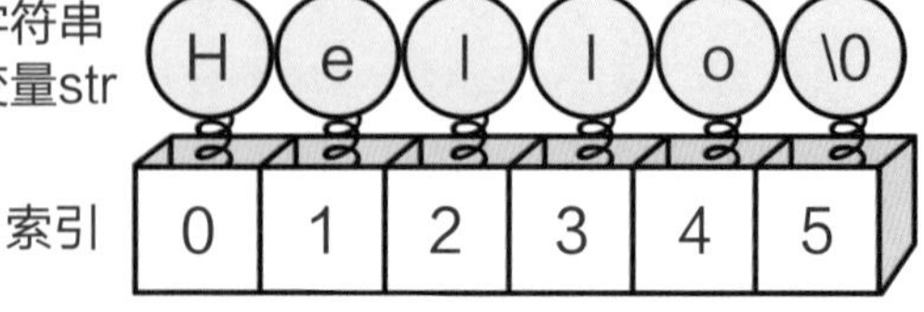

8.1.2 C++标准库中的字符串

C++标准库中的字符串是通过string类表示的。

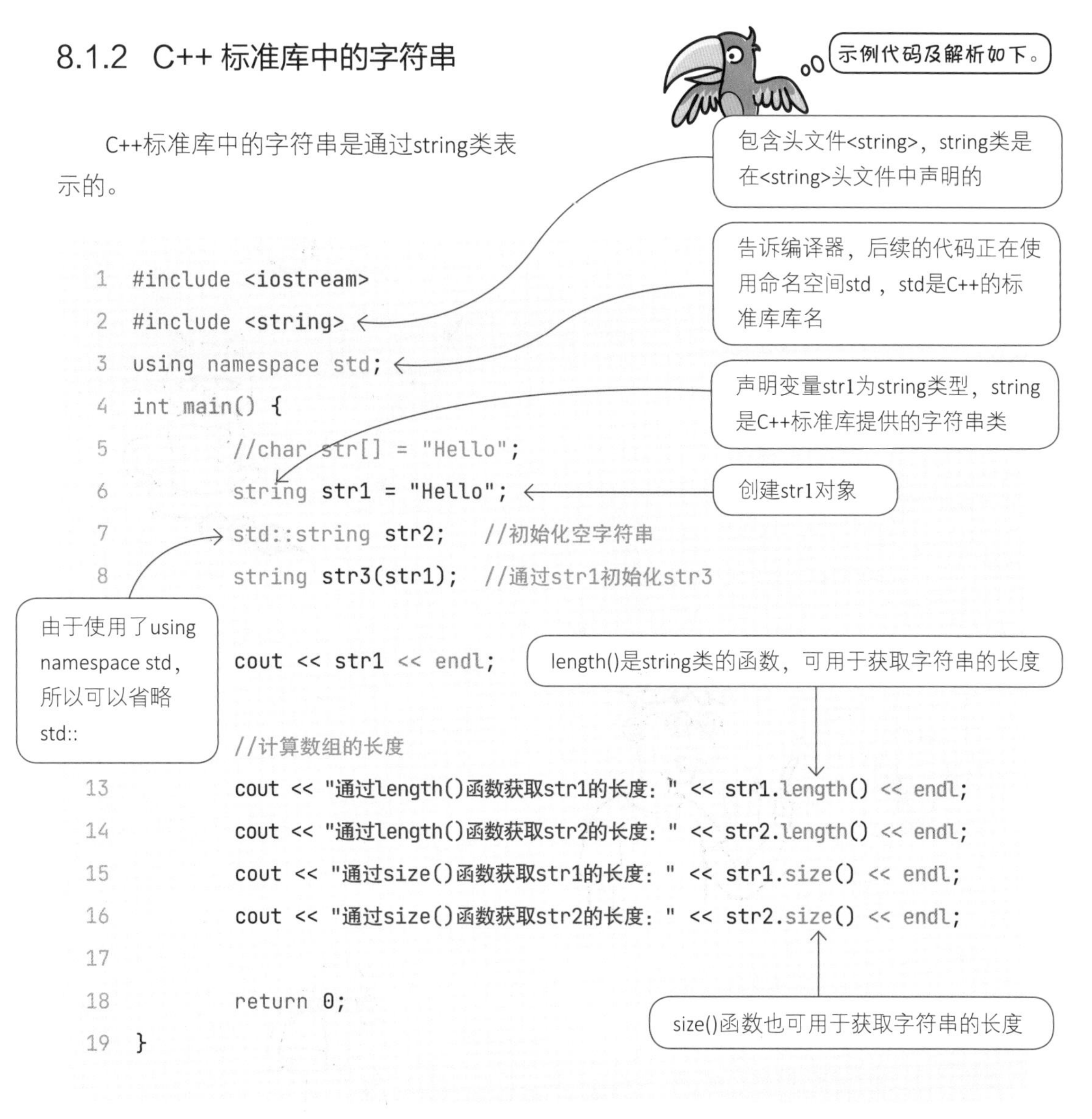

示例代码及解析如下。
包含头文件<string>，string类是在<string>头文件中声明的
告诉编译器，后续的代码正在使用命名空间std，std是C++的标准库库名
声明变量str1为string类型，string是C++标准库提供的字符串类
创建str1对象
由于使用了using namespace std，所以可以省略std::
length()是string类的函数，可用于获取字符串的长度
size()函数也可用于获取字符串的长度


```
1  #include <iostream>
2  #include <string>
3  using namespace std;
4  int main() {
5          //char str[] = "Hello";
6          string str1 = "Hello";
7          std::string str2;    //初始化空字符串
8          string str3(str1);   //通过str1初始化str3

           cout << str1 << endl;

           //计算数组的长度
13         cout << "通过length()函数获取str1的长度：" << str1.length() << endl;
14         cout << "通过length()函数获取str2的长度：" << str2.length() << endl;
15         cout << "通过size()函数获取str1的长度：" << str1.size() << endl;
16         cout << "通过size()函数获取str2的长度：" << str2.size() << endl;
17
18         return 0;
19 }
```

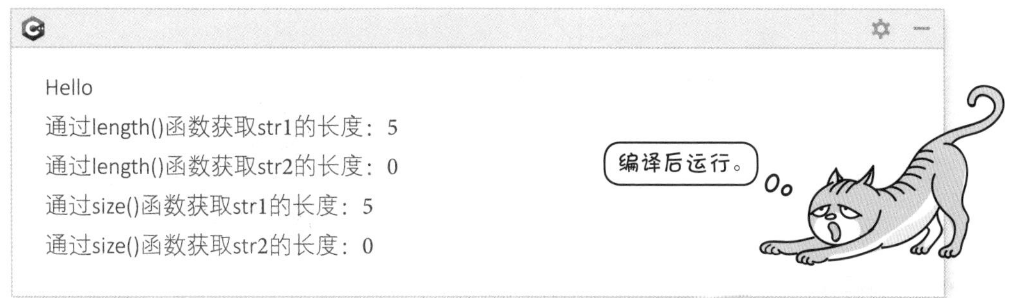


```
Hello
通过length()函数获取str1的长度：5
通过length()函数获取str2的长度：0
通过size()函数获取str1的长度：5
通过size()函数获取str2的长度：0
```

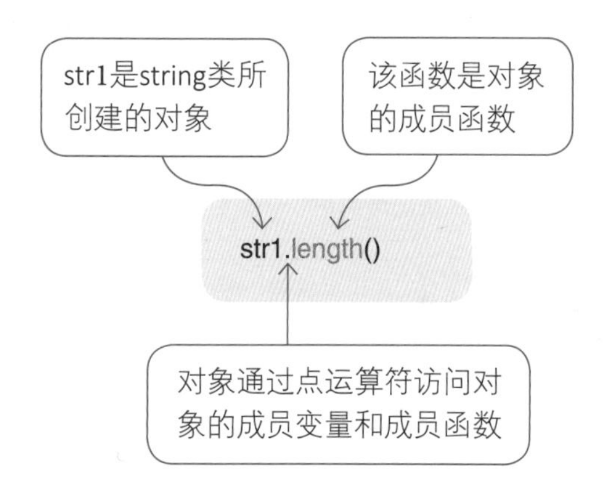

类和对象是什么关系呢？
类和对象都是面向对象相关的知识。

类是对客观事物的抽象，例如，student 是对一个班级中张同学、李同学等具有共同属性和行为个体的抽象，而对象是类实例化的个体。类和对象的关系如下图所示，student 类有成员变量（属性）和成员函数（行为），实例化了江小白和张小红。

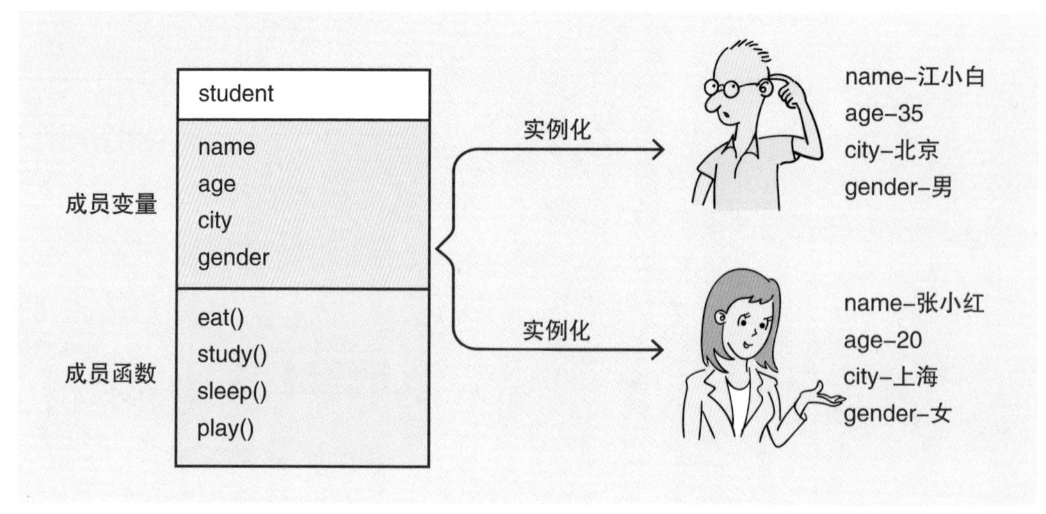

8.2 字符串的用法

下面重点讲解C++标准库中字符串的用法。

8.2.1 字符串拼接

如果想将"Hello"和"World"两个字符串拼接成一个字符串，则可以通过“+”运算符和“+=”运算符实现。

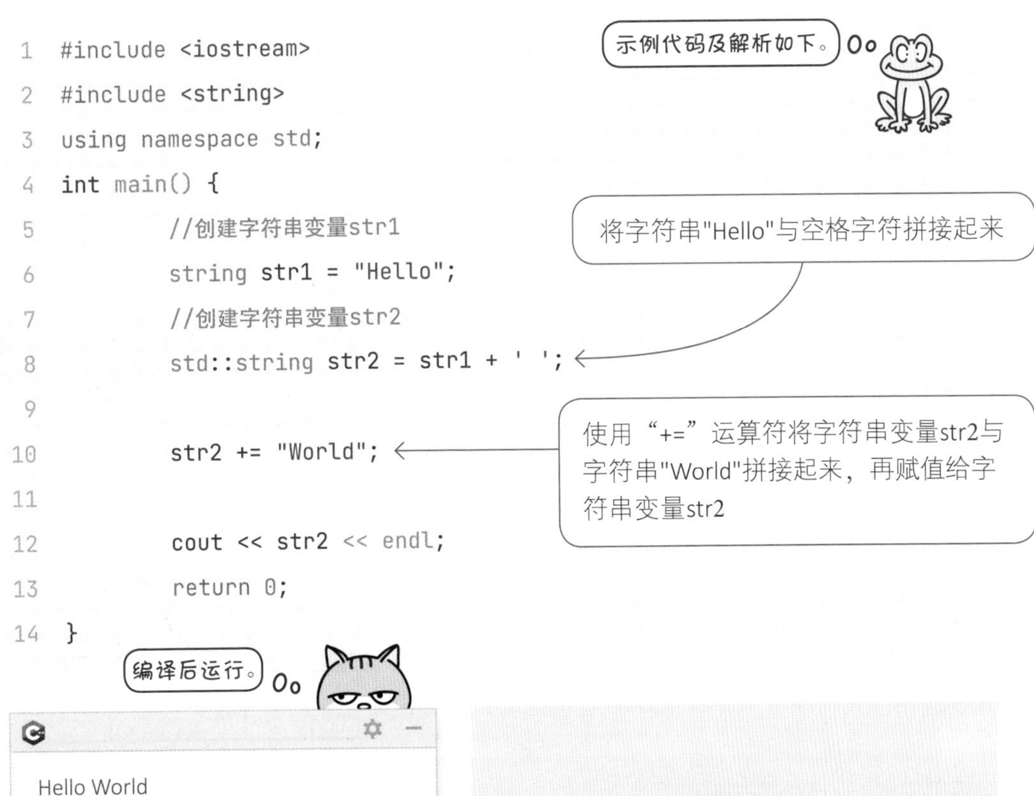

示例代码及解析如下。
将字符串"Hello"与空格字符拼接起来
使用“+=”运算符将字符串变量str2与字符串"World"拼接起来，再赋值给字符串变量str2
编译后运行。


```
1  #include <iostream>
2  #include <string>
3  using namespace std;
4  int main() {
5          //创建字符串变量str1
6          string str1 = "Hello";
7          //创建字符串变量str2
8          std::string str2 = str1 + ' ';
9
10         str2 += "World";
11
12         cout << str2 << endl;
13         return 0;
14 }
```

```
Hello World
```

8.2.2 字符串追加

如果想在一个字符串后面追加一个字符串，则可以通过append()函数实现。

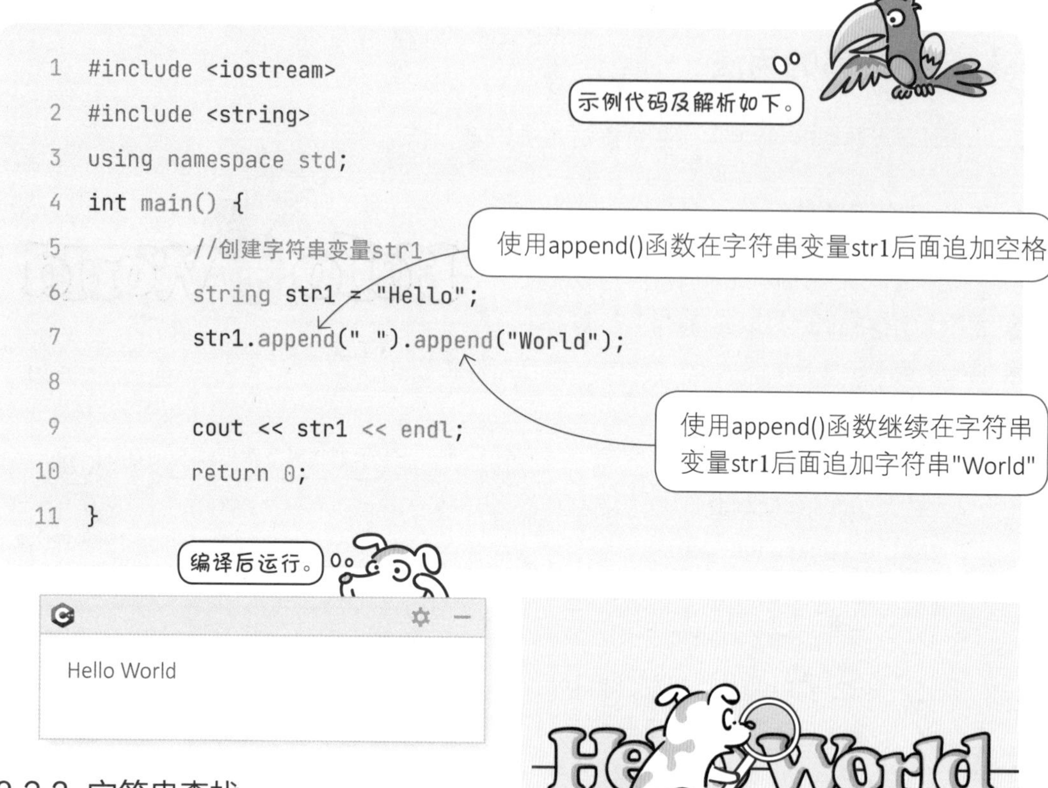

示例代码及解析如下。
使用append()函数在字符串变量str1后面追加空格
使用append()函数继续在字符串变量str1后面追加字符串"World"
编译后运行。
Hello World


```
1  #include <iostream>
2  #include <string>
3  using namespace std;
4  int main() {
5          //创建字符串变量str1
6          string str1 = "Hello";
7          str1.append(" ").append("World");
8
9          cout << str1 << endl;
10         return 0;
11 }
```

8.2.3 字符串查找

如果想在一个字符串中查找感兴趣的字符串，则可以通过如下函数实现。

1 find()：从前往后查找字符串，如果找到，则返回所找到位置的索引；如果没找到，则返回常量std::string::npos。

2 rfind()：从后往前查找字符串，如果找到，则返回所找到位置的索引；如果没找到，则返回常量std::string::npos。

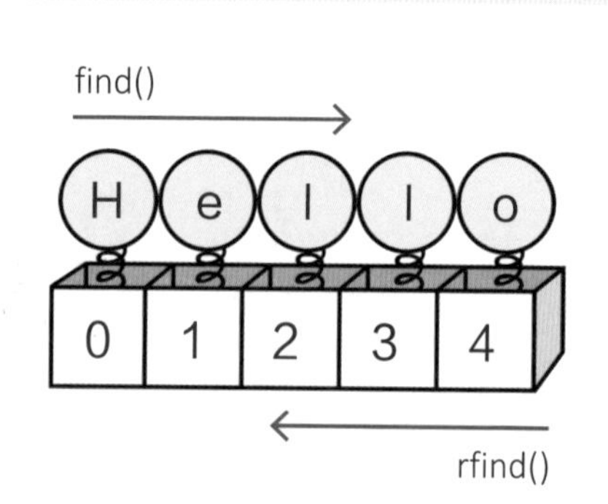

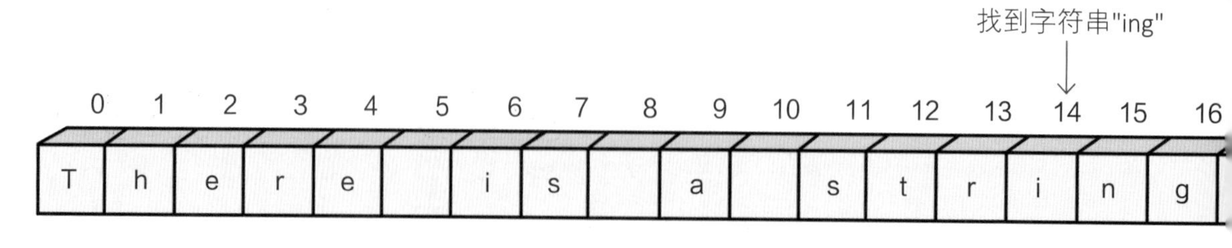

示例代码及解析如下。

```
1  #include <iostream>
2  #include <string>
3  using namespace std;
4
5  const string str = "There is a string accessing example.";
6  const string str1 = "ing";
7
8  int main() {
9          int found = str.find(str1);
10         if (found != string::npos) {
11                 cout << "所找到的字符串的位置是: " << found << endl;
12         } else {
13                 cout << "没有找到字符串" << str1 << endl;
14         }
15
16         found = str.rfind(str1);
17         if (found != string::npos) {
18                 cout << "所找到的字符串的位置是: " << found << endl;
19         } else {
20                 cout << "没有找到字符串" << str1 << endl;
21         }
22         return 0;
23 }
```

声明字符串变量str

声明字符串变量str1

在str中查找字符串"str1"

表达式为true，找到字符串，返回值found是所找到的字符串所在位置的索引

在str中查找字符串"str1"

编译后运行。

```
所找到字符串位置是：14
所找到字符串位置是：24
```

19	20	21	22	23	24	25	26	27	28	29	30	31	32	33	34	35
c	c	e	s	s	i	n	g		e	x	a	m	p	l	e	.

找到字符串"ing"

8.2.4 字符串比较

进行字符串比较时，首先比较它们的第 1 个字符的 ASCII 编码的大小，ASCII 编码越大，该字符串的值就越大；如果第 1 个字符的 ASCII 编码相等，则接着比较第 2 个字符的 ASCII 编码的大小，直到分出大小为止；以此类推。

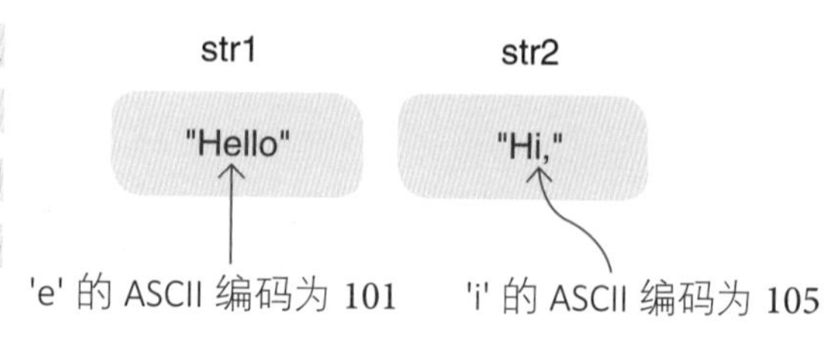

示例代码及解析如下。

```
1  #include <iostream>
2  #include <string>
3  using namespace std;
4
5  const string str1 = "Hello";
6  const string str2 = "Hi,";
7
8  int main() {
9          if (str1 == str2) {
10                 cout << "str1等于str2" << endl;
11         } else if (str1 > str2) {
12                 cout << "str1大于str2" << endl;
13         } else {
14                 cout << "str1小于str2" << endl;
15         }
16         return 0;
17 }
```

编译后运行。

8.2.5 字符串截取

如果想从一个大字符串中截取子字符串，则可以使用string类的substr()函数实现，语法如下：

```
string substr (pos, len)
```

其中：

- pos参数表示开始截取子字符串的位置，如果省略，则从头开始截取。
- len参数表示所截取子字符串的长度，如果省略，则截取到大字符串结尾。
- substr(pos,len)函数的返回值是所截取的子字符串。

示例代码及解析如下。
从第2个字符开始截取3个字符。注意：第2个字符的索引是1，参考下图左图
从第3个字符开始截取到大字符串结尾。注意：第3个字符的索引是2，参考下图右图


```
1  #include <iostream>
2  #include <string>
3  using namespace std;
4
5  const string str1 = "Hello";
6
7  int main() {
8          string substr1 = str1.substr(1, 3);
9          cout << "substr1为：" << substr1 << endl;
10
11         string substr2 = str1.substr(2);
12         cout << "substr2为：" << substr2 << endl;
13
14         return 0;
15 }
```

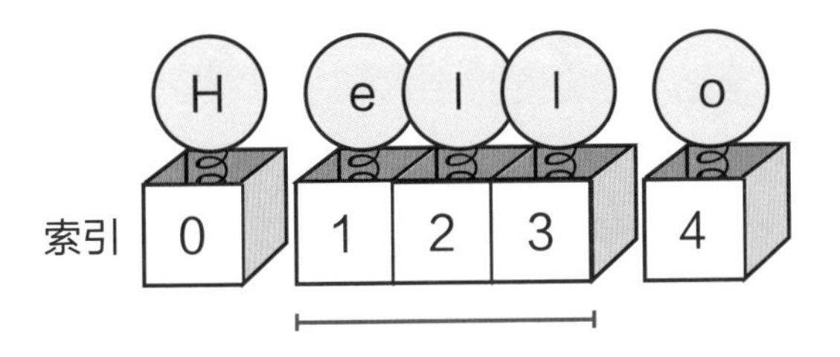

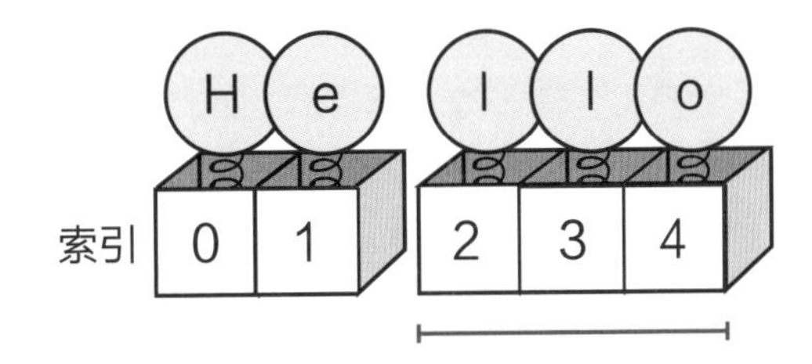

```
substr1为：ell
substr2为：llo
```

8.3 字符串中的转义字符

如果希望在字符串中插入双引号（"）这样的特殊字符，则需要将这些特殊字符进行转义。在转义字符前面要加上反斜杠（\），这叫作“字符转义”。常见的转义字符的含义如下。

在字符串中插入双引号

Hello"World.

字符表示	说明
\t	水平制表符Tab
\n	换行符
\r	回车符
\"	双引号
\'	单引号
\\	反斜杠

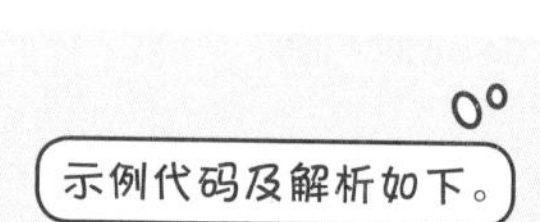

```
1  #include <iostream>
2  #include <string>
3  using namespace std;
4  int main() {
5    //在字符串"Hello"和"World"中插入制表符
6    string specialCharTab1 = "Hello\tWorld.";
7    //在字符串"Hello"和"World"中插入换行符
8    string specialCharNewLine = "Hello\nWorld.";
9    //在字符串"Hello"和"World"中插入双引号
10   string specialCharQuotationMark = "Hello\"World.";
11   //在字符串"Hello"和"World"中插入单引号
12   string specialCharApostrophe = "Hello\'World\'.";
13   //在字符串"Hello"和"World"中插入反斜杠
14   string specialCharReverseSolidus = "Hello\\World.";
```

```
15    cout << "水平制表符Tab: " << specialCharTab1 << endl;
16    cout << "换行符: " << specialCharNewLine << endl;
17    cout << "双引号: " << specialCharQuotationMark << endl;
18    cout << "单引号: " << specialCharApostrophe << endl;
19    cout << "反斜杠: " << specialCharReverseSolidus << endl;
20    return 0;
21 }
```

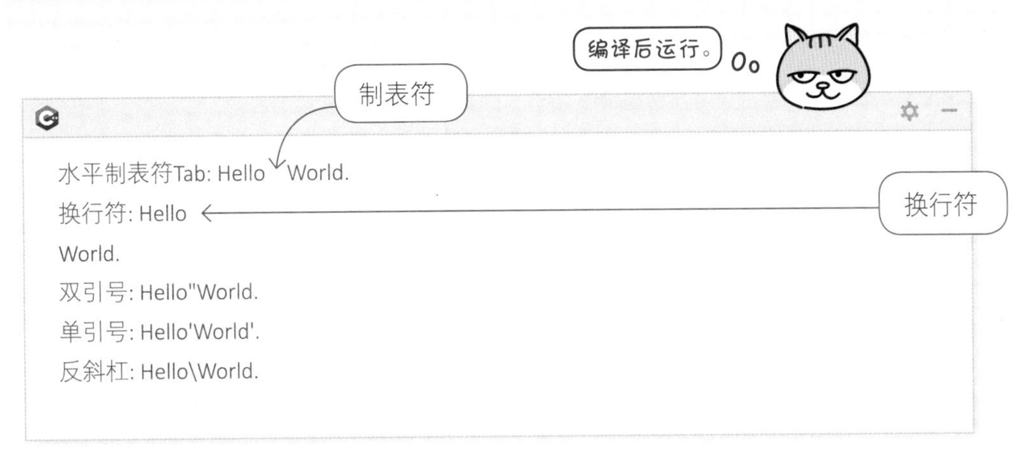
编译后运行。
制表符
换行符
水平制表符Tab: Hello	World.
换行符: Hello
World.
双引号: Hello"World.
单引号: Hello'World'.
反斜杠: Hello\World.

C++
字符串

8.4 练一练

1　假设所有的命名空间都能被正确指定，那么下列哪些选项可正确声明字符串。（　）。

A. char str[] = "Hello";

B. std::string str = "Hello";

C. string str = "Hello";

D. char str = "Hello";

2　下列哪些选项可将两个字符串拼接起来。（　）

A. 通过“+”运算符实现的

B. 通过“+=”运算符实现的

C. 通过 substr() 函数实现

D. 通过 append() 函数实现

3　下列哪些选项可实现字符串查找。（　）

A. find() 函数

B. rfind() 函数

C. substr() 函数

D. append() 函数

4　判断对错：

A. 进行字符串比较时，首先比较它们的第 1 个字符的 ASCII 编码的大小，ASCII 编码大的字符串值大；如果第 1 个字符的 ASCII 编码相等，则比较第 2 个字符的 ASCII 编码大小，直到分出大小为止。（　）

B. 在 C++ 中可以使用单引号来表示字符串。（　）

5　编程题：

移动电话号码的前 3 位表示不同的运营商。请编写程序，从控制台读取电话号码，判断其运营商是哪一个。

6　编程题：

从控制台输入一个字符串，编写程序，将该字符串翻转过来，比如将 "Hello" 翻转为 "olleH"。

第9章　直达记忆深处的数据类型

指针类型
本章主要讲解C++中的指针知识，通过学习本章，读者应该理解指针的概念，熟悉如何声明指针变量，了解指针与数组的关系及二级指针。指针是C++中比较难的知识点，很抽象，但功能强大，可直接访问内存，所以也会导致很多问题。
指针的概念
声明指针变量
指针与数组
二级指针

9.1 C++中的指针

指针是用来保存其他变量的内存地址的变量。

如右图所示，变量x在被初始化后，系统会为其分配内存空间，假设变量x的内存地址是0x61ff08，我们用一个变量pt保存该内存地址，那么变量pt就是指针变量。

保存变量x的内存地址

指针变量pt　0x61ff08

变量x　100　0x61ff08

变量x的内存地址

9.1.1 声明指针变量

声明指针变量的语法如下：

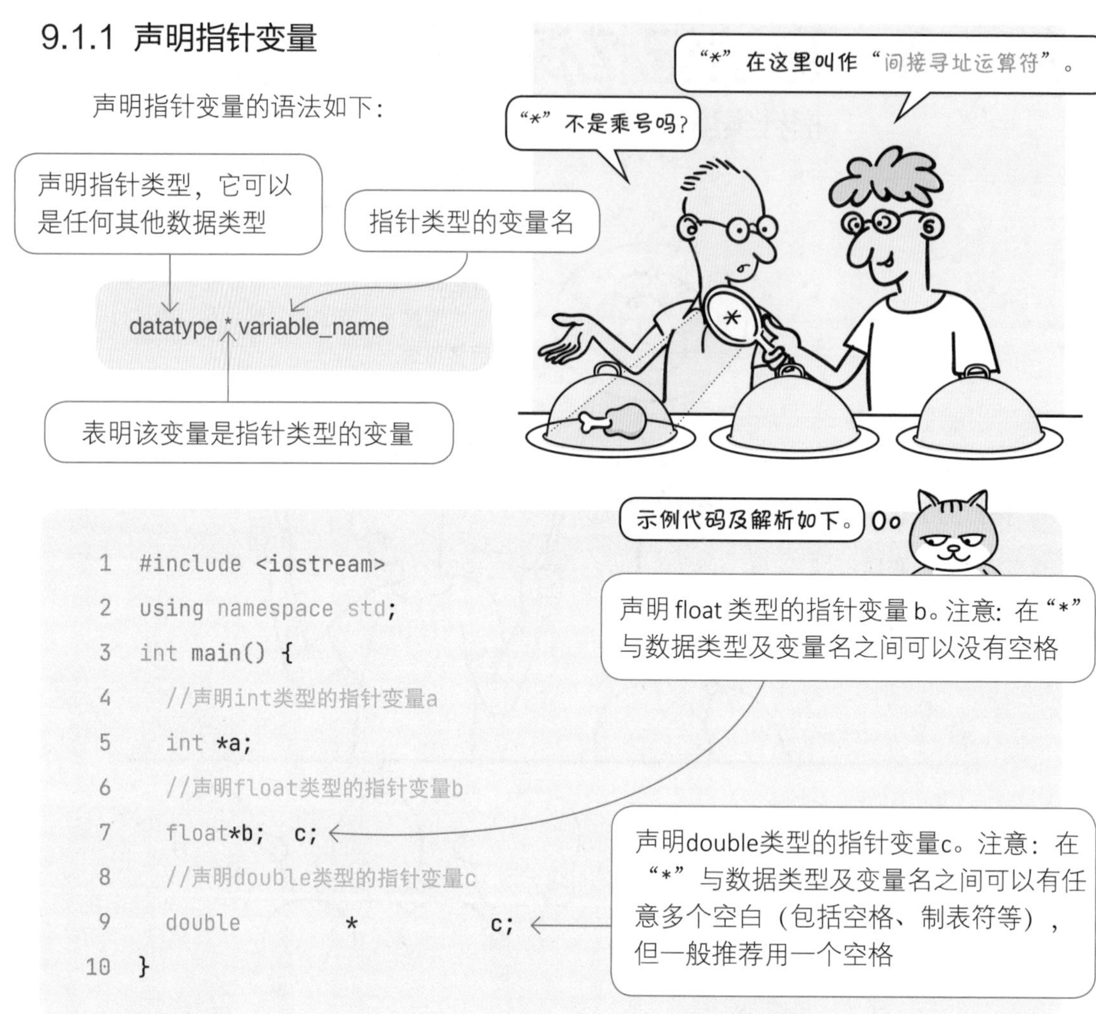

“*”在这里叫作“间接寻址运算符”。
“*”不是乘号吗？
声明指针类型，它可以是任何其他数据类型
指针类型的变量名
datatype * variable_name
表明该变量是指针类型的变量
示例代码及解析如下。
声明 float 类型的指针变量 b。注意：在“*”与数据类型及变量名之间可以没有空格
声明double类型的指针变量c。注意：在“*”与数据类型及变量名之间可以有任意多个空白（包括空格、制表符等），但一般推荐用一个空格

```
1  #include <iostream>
2  using namespace std;
3  int main() {
4    //声明int类型的指针变量a
5    int *a;
6    //声明float类型的指针变量b
7    float*b;  c;
8    //声明double类型的指针变量c
9    double       *         c;
10 }
```

9.1.2 获取变量的内存地址

若想获取一个变量的内存地址，则可以使用“&”运算符。

```
1  #include <iostream>
2  using namespace std;
3  int main() {
4    //声明变量x
```

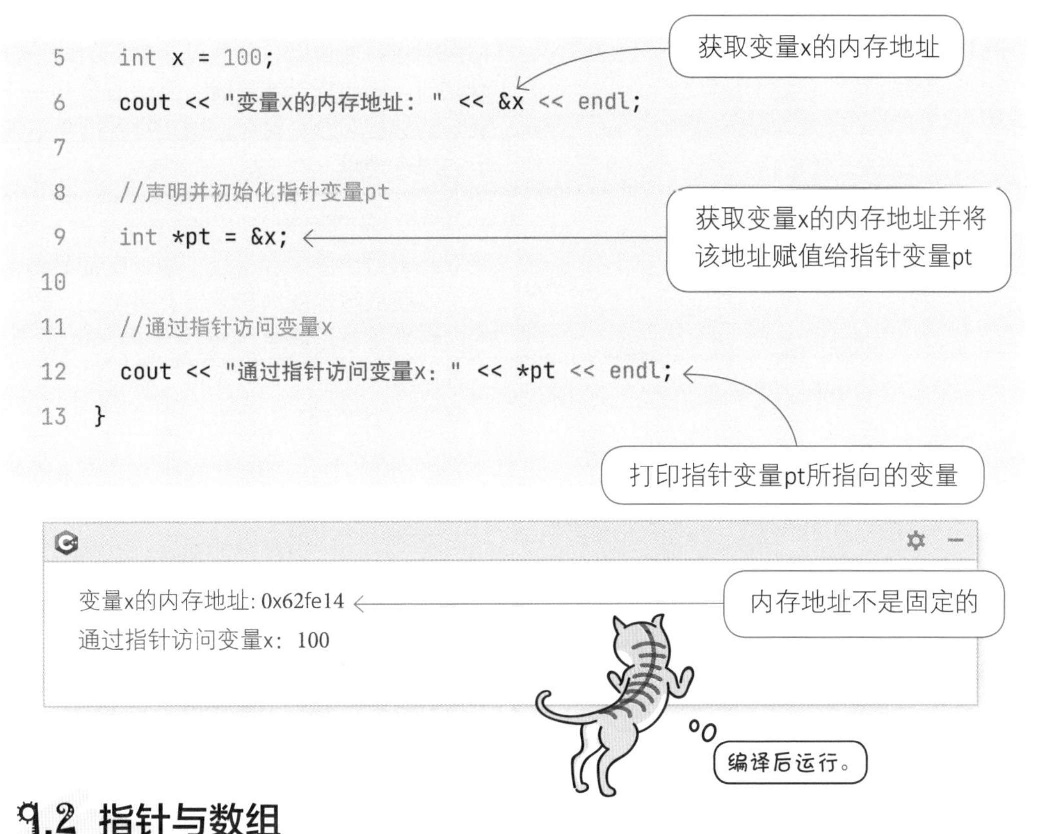

5 int x = 100;
6 cout << "变量x的内存地址：" << &x << endl;
7
8 //声明并初始化指针变量pt
9 int *pt = &x;
10
11 //通过指针访问变量x
12 cout << "通过指针访问变量x：" << *pt << endl;
13 }
获取变量x的内存地址
获取变量x的内存地址并将该地址赋值给指针变量pt
打印指针变量pt所指向的变量
变量x的内存地址: 0x62fe14
通过指针访问变量x：100
内存地址不是固定的
编译后运行。

9.2 指针与数组

指针与数组的关系非常密切，为了理解它们之间的关系，这里先讲解数组的底层原理。数组一旦被初始化后，它的各个元素的内存地址就分配好了，其中有一个规则：

数组中的每一个元素的内存地址都是连续的。

如果使用“&”运算符获取数组的内存地址，则事实上是获取了它的第1个元素的内存地址，其他元素的内存地址依次加1，数组的内存分配如下图所示。

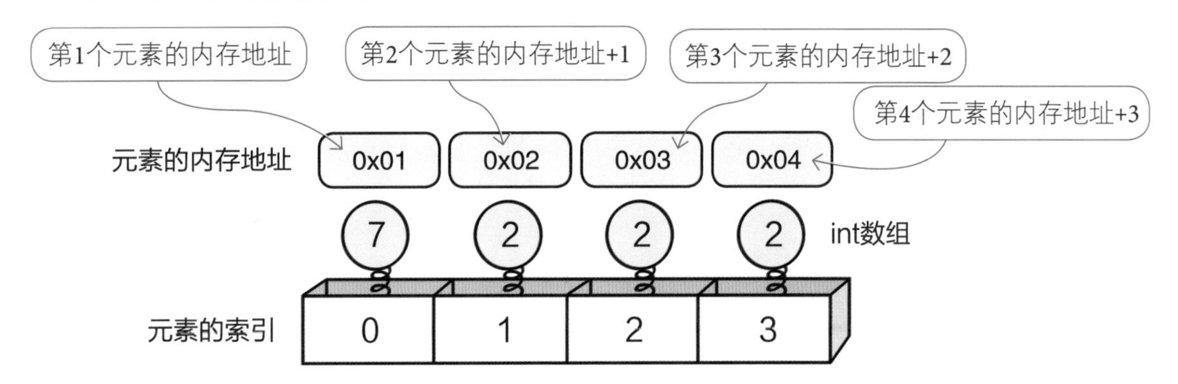

```
1  #include <iostream>
2  using namespace std;
3  int main() {
4      //声明int类型的指针变量
5      int *ptr = NULL;
6
7      //声明并初始化
8      int array[] = {7, 2, 9, 10};
9
10     //获取数组地址
11     ptr = array;
12     cout << "变量x的地址: " << ptr << endl;
13
14     cout << "获取array数组的第1个元素: " << *(ptr + 0) << endl;
15     cout << "获取array数组的第2个元素: " << *(ptr + 1) << endl;
16     cout << "获取array数组的第3个元素: " << *(ptr + 2) << endl;
17     cout << "获取array数组的第4个元素: " << *(ptr + 3) << endl;
18     return 0;
19 }
```

声明int类型的指针变量，NULL表示空指针。在声明指针变量时，如果没有确切的地址可以赋值，则为指针变量赋一个NULL值是一个良好的编程习惯，这可以防止指针指向不确定的内存地址

获取array数组的内存地址，通过变量名array就可以获取数组的内存地址。事实上，数组的内存地址就是其第1个元素的内存地址，也可以使用“ptr = &array[0]”语句实现

它是指针表达式，用来计算数组中元素的地址，ptr是数组开始的地址，所以ptr + 0是数组第1个元素的地址

计算第2个元素的指针地址

计算第3个元素的指针地址

计算第4个元素的指针地址

指针表达式*(ptr +0)等同于array[0]

指针表达式*(ptr +1)等同于array[1]

指针表达式*(ptr +2)等同于array[2]

指针表达式*(ptr +3)等同于array[3]

变量x地址: 0x62fe00
获取array数组的第1个元素: 7
获取array数组的第2个元素: 2
获取array数组的第3个元素: 9
获取array数组的第4个元素: 10
编译后运行。

9.2.1 二级指针

二级指针就是指向指针的指针。

在下图中，变量 x 的内存地址是 0x61ff08，指针变量 pt 保存该变量的内存地址；指针变量 pt 也是一个变量，所以也会占用内存空间，也有自己的内存地址 0x61ff10。指针变量 pt2 保存了指针变量 pt 的内存地址，指针变量 pt2 是指向指针变量 pt 的指针变量，即二级指针。

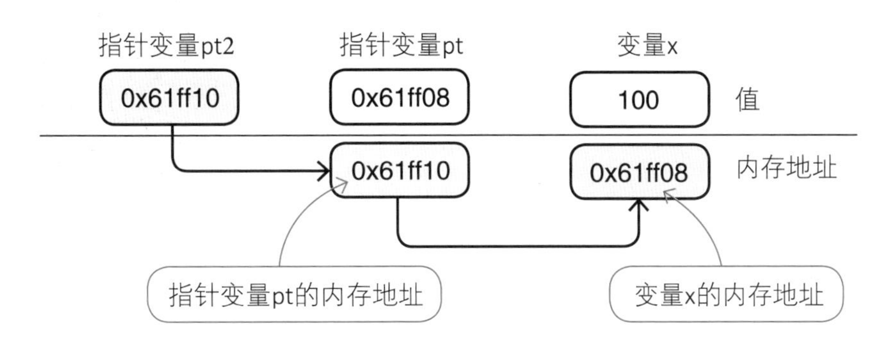

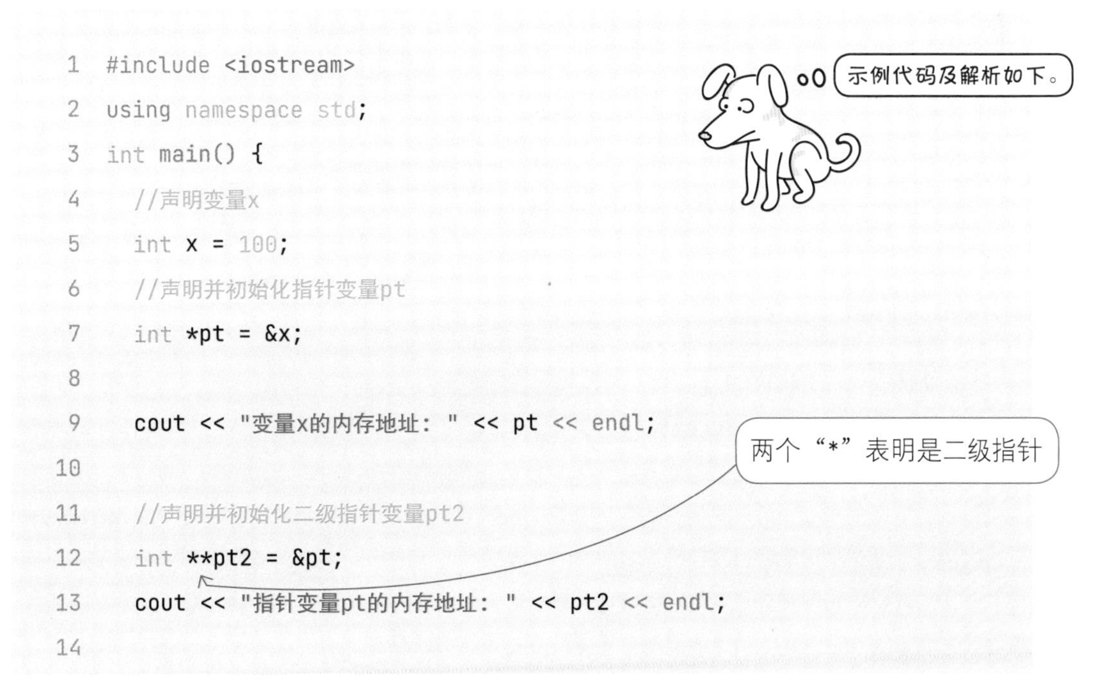


```
1  #include <iostream>
2  using namespace std;
3  int main() {
4      //声明变量x
5      int x = 100;
6      //声明并初始化指针变量pt
7      int *pt = &x;
8
9      cout << "变量x的内存地址: " << pt << endl;
10
11     //声明并初始化二级指针变量pt2
12     int **pt2 = &pt;
13     cout << "指针变量pt的内存地址: " << pt2 << endl;
14
```

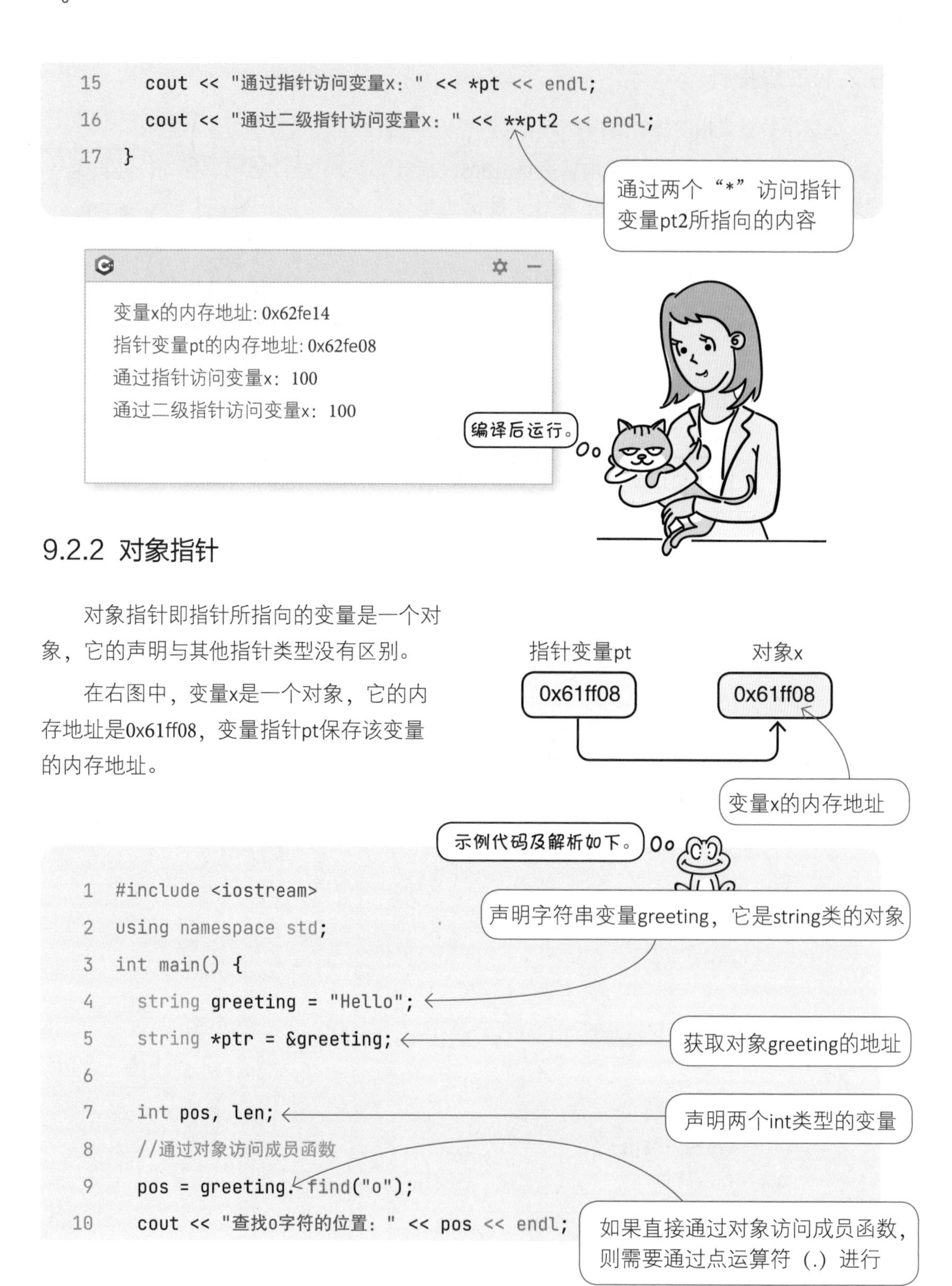
通过两个“*”访问指针变量pt2所指向的内容
编译后运行。
指针变量pt
0x61ff08
对象x
0x61ff08
变量x的内存地址
示例代码及解析如下。
声明字符串变量greeting，它是string类的对象
获取对象greeting的地址
声明两个int类型的变量
如果直接通过对象访问成员函数，则需要通过点运算符（.）进行

```
15    cout << "通过指针访问变量x: " << *pt << endl;
16    cout << "通过二级指针访问变量x: " << **pt2 << endl;
17  }
```

```
变量x的内存地址: 0x62fe14
指针变量pt的内存地址: 0x62fe08
通过指针访问变量x: 100
通过二级指针访问变量x: 100
```

9.2.2 对象指针

对象指针即指针所指向的变量是一个对象，它的声明与其他指针类型没有区别。

在右图中，变量x是一个对象，它的内存地址是0x61ff08，变量指针pt保存该变量的内存地址。

```
1  #include <iostream>
2  using namespace std;
3  int main() {
4    string greeting = "Hello";
5    string *ptr = &greeting;
6
7    int pos, len;
8    //通过对象访问成员函数
9    pos = greeting.find("o");
10   cout << "查找o字符的位置: " << pos << endl;
```

```
11      len = greeting.size();
12      cout << "返回字符串的长度：" << len << endl;
13
14      //通过对象指针访问类的成员函数
15      pos = ptr->find("o");
16      cout << "查找o字符的位置：" << pos << endl;
17      len = ptr->size();
18      cout << "返回字符串的长度：" << len << endl;
19  }
```

如果通过对象指针访问成员函数，则需要通过箭头运算符（->）进行

编译后运行。

```
查找o字符的位置：4
返回字符串的长度：5
查找o字符的位置：4
返回字符串的长度：5
```

9.3 练一练

1　下列哪些选项可正确声明指针变量a。（　）

A.　int　*a;

B.　int*　a;

C.　*int　a;

D.　int　　*　　a;

2　下列哪些选项可获取变量a的内存地址。（　）

A.　&a;

B.　&　a;

C.　*a;

D.　* a;

3　判断对错：

A.　如果已获取数组的第1个元素的内存地址p，那么数组的第3个元素的内存地址就是p+2。（　）

B.　二级指针在本质上就是一个指针。（　）

4　编程题：

给定如下数组，通过指针访问该数组的元素，然后找出数组的最大值，并将结果输出到控制台。

{23.4,-34.5, 50.0, 33.5, 155.5,-66.5}

第10章　自己动手，丰衣足食

自定义数据类型

C++ 中的自定义数据类型包括：枚举、结构体、联合及类。本章重点讲解枚举、结构体和联合的内容，通过学习本章，读者应重点掌握枚举和结构体的内容，了解联合的内容。

- 枚举
- 结构体
- 联合

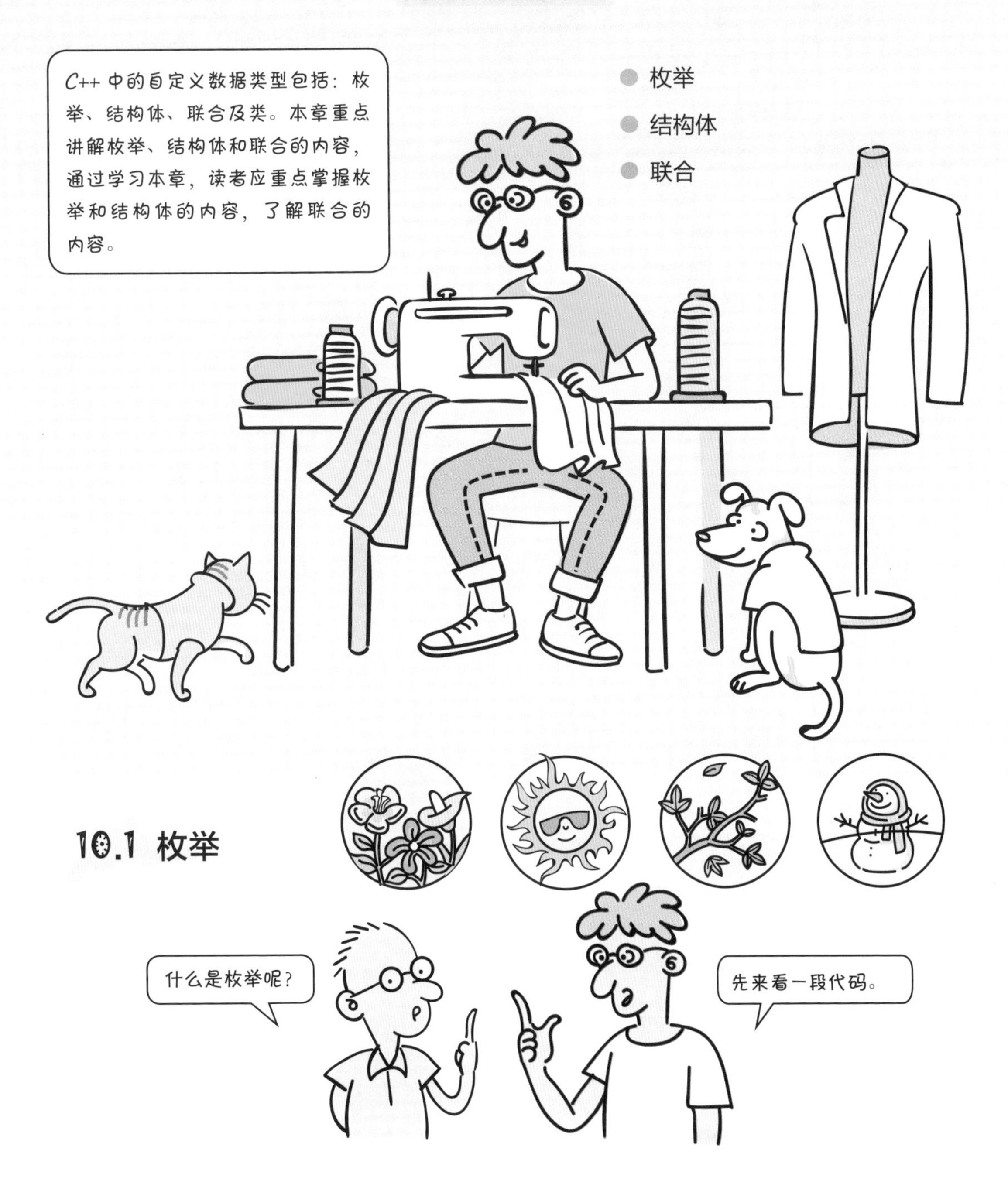

10.1 枚举

示例代码及解析如下。

```
1  #include <iostream>
2  #include <string>
3  using namespace std;
4  int main() {
5    //季节变量
6    int varseason;
7    cout << "请录入0~3的整数：" << endl;
8    //从控制台读取季节变量
9    cin >> varseason;
10   switch (varseason) {
11   //如果是春天
12   case 0:
13     cout << "多出去转转。" << endl;
14     break;
15   //如果是夏天
16   case 1:
17     cout << "钓鱼游泳。" << endl;
18     break;
19   //如果是秋天
20   case 2:
21     cout << "秋收了。" << endl;
22     break;
23   default:
24     cout << "在家待着。" << endl;
25   }
26   return 0;
27 }
```

```
请录入0～3的整数：
2
秋收了。
```

```
请录入0～3的整数：
0
多出去转转。
```

这段代码怎么样？
这段代码的可读性差，不知道case语句中的0、1等数值是什么意思。
我们可以定义4个常量，或者说定义枚举类型，代码如下。

```
1  #include <iostream>
2  #include <string>
3  using namespace std;
4
5  //定义枚举类型season
6  enum season
7    spring, //定义成员spring
8    summer, //定义成员summer
9    autumn, //定义成员autumn
10   winter  //定义成员winter
11 };
12
13 int main() {
14   //季节变量
15   int varseason;
16   cout << "请录入0~3的整数：" << endl;
17   //从控制台读取季节变量
18   cin >> varseason;
19   switch (varseason) {
20     //如果是春天
21   case spring:
22     cout << "多出去转转。" << endl;
23     break;
```

定义枚举类型 season，其中 enum 是定义枚举的关键字，它有 4 个成员

成员 spring 的默认值是 0，其他值依次加 1

成员 summer 的值是 1

成员 autumn 的值是 2

成员 winter 的值是 3

使用枚举成员 spring 替代 0 后，程序的可读性更好

```
24
25      //如果是夏天
26      case summer:
27        cout << "钓鱼游泳。" << endl;
28        break;
29      //如果是秋天
30      case autumn:
31        cout << "秋收了。" << endl;
32        break;
33      default:
34        cout << "在家待着。" << endl;
35      }
36      return 0;
37  }
```

使用枚举成员 summer 替代 1，程序的可读性更好

使用枚举成员 autumn 替代 2，程序的可读性更好

枚举中成员的值默认从0开始逐个加1，我们可以根据自己的需要设置这些成员的值。
示例代码及解析如下。


```
1  //定义枚举类型的season
2  enum season {
3    spring = 1 //定义成员spring
4    summer = 4 //定义成员summer
5    autumn = 8 //定义成员autumn
6    winter = 12 //定义成员winter
7  };
```

设置成员 spring 的值为 1

设置成员 summer 的值为 4

设置成员 autumn 的值为 8

设置成员 winter 的值为 12

10.2 结构体

结构体是不同类型的数据的集合，
数组是相同类型的数据的集合。
student
ID:100
name: 江小白
age:17
city: 北京
gender: M

比如，学生有学号、姓名、年龄、所在城市和性别等信息，这些信息可以有各自不同的数据类型，这些数据类型都用于描述学生数据。因此，我们可以为学生定义一个变量，包含4个成员（或称之为“字段”）。

示例代码及解析如下。

```
1  #include <iostream>
2  #include <string>
3  using namespace std;
4
5  //定义结构体类型Student
6  struct Student {
7    int id;        //成员学号
8    string name; //成员姓名
9    int age;       //成员年龄
10   string city; //成员所在城市
11   char gender; //成员性别，字符型，‘M’表示男，‘F’表示女
12 };
13
14 int main() {
15   //声明Student类型的变量stu1
16   Student stu1;
17
18   stu1.id = 100;
19   stu1.name = "江小白";
20   stu1.age = 18;
21   stu1.city = "北京";
22   stu1.gender = 'M';
```

创建结构体类型 Student，struct 是定义的结构体的关键字

通过点（.）运算符访问结构体中的成员

```
23
24    //声明Student类型的变量stu2
25    Student stu2;
26
27    stu2.id = 100;
28    stu2.name = "张小红";
29    stu2.age = 17;
30    stu2.city = "上海";
31    stu2.gender = 'F';
32
33    cout << "-----------打印学生1的信息-----------" << endl;
34    cout << "姓名：" << stu1.name << endl;
35    cout << "学号：" << stu1.id << endl;
36    cout << "年龄：" << stu1.age << endl;
37    cout << "城市：" << stu1.city << endl;
38    if (stu1.gender == 'F')
39      cout << "性别：女" << endl;
40    else
41      cout << "性别：男" << endl;
42
43    cout << "-----------打印学生2的信息-----------" << endl;
44    cout << "姓名：" << stu2.name << endl;
45    cout << "学号：" << stu2.id << endl;
46    cout << "年龄：" << stu2.age << endl;
47    cout << "城市：" << stu2.city << endl;
48    if (stu2.gender == 'F')
49      cout << "性别：女" << endl;
50    else
51      cout << "性别：男" << endl;
52
53    return 0;
54  }
```

```
-----------打印学生1的信息-----------
姓名：江小白
学号：100
年龄：18
城市：北京
性别：男
-----------打印学生2的信息-----------
姓名：张小红
学号：100
年龄：17
城市：上海
性别：女
```

编译后运行。

使用结构体指针访问结构体中的成员时，要使用箭头运算符（->）。
示例代码及解析如下。

```
1  #include <iostream>
2  #include <string>
3  using namespace std;
4
5  //定义结构体类型Student
6  struct Student {
7    int id;        //成员学号
8    string name; //成员姓名
9    int age;       //成员年龄
10   string city; //成员所在城市
11   char gender; //成员性别，字符型，‘M’表示男，‘F’表示女
```

```
12 };
13
14 int main() {
15   //声明Student类型的变量stu
16   Student stu;
17
18   //声明并初始化Student类型的指针变量stu_ptr
19   Student *stu_ptr = &stu;
20
21   stu_ptr->id = 100;
22   stu_ptr->name = "张小红";
23   stu_ptr->age = 17;
24   stu_ptr->city = "上海";
25   stu_ptr->gender = 'F';
26
27   cout << "-----------打印学生信息----------" << endl;
28   cout << "姓名：" << stu_ptr->name << endl;
29   cout << "学号：" << stu_ptr->id << endl;
30   cout << "年龄：" << stu_ptr->age << endl;
31   cout << "城市：" << stu_ptr->city << endl;
32   if (stu_ptr->gender == 'F')
33     cout << "性别：女" << endl;
34   else
35     cout << "性别：男" << endl;
36
37   return 0;
38 }
```

通过箭头运算符（->）访问结构体中的成员

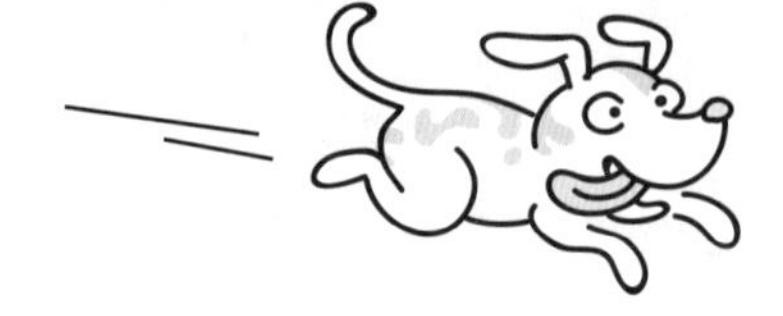

10.3 联合

联合和结构体在形式上比较类似，都有若干成员，其区别如下表所示。

结构体	联合
每个成员都有自己的独立内存空间	各成员共享相同的内存空间，每次只能存储一个成员
一个结构体变量的总长度是各成员长度之和	一个联合变量的长度由最长的成员长度决定

示例代码及解析如下。

```
1  #include <iostream>
2  using namespace std;
3
4  //定义联合类型Data
5  union Data
6  {
7    int no;
8    double salary;
9    char gender;
10 };
11
12 int main() {
13   //声明Data类型的变量data
14   Data data;
15   cout << sizeof(data) << endl;
```

定义联合类型 Data，union 是定义联合的关键字。Data 有 3 个成员，其中的成员 salary 是 double 类型，所占用的字节最多，占用 8 字节。所以用 Data 声明的变量会占用 8 字节的内存空间

```
16
17     data.no = 100;
18     cout << "data.no:" << data.no << endl;
19     cout << "data.gender:" << data.gender << endl;
20
21     data.gender = 'F';
22     cout << "data.no:" << data.no << endl;
23     cout << "data.gender:" << data.gender << endl;
24
25     return 0;
26 }
```

给成员 no 赋值后，其他成员就不能再用了，即便能读取数据，但没有任何实际意义

给成员 gender 赋值，该值会覆盖前面给 id 成员的赋值

编译后运行。

```
8
data.no:100
data.gender:d
data.no:70
data.gender:F
```

data 变量占用 8 字节的内存空间

成员 no 被赋值后，其他成员的值被覆盖，其值没有任何实际意义

在成员 gender 被赋值后，其他成员的值被覆盖，其值没有任何实际意义

使用联合指针是访问员时，也要使用箭头运算符（->）。

示例代码及解析如下。

```
1  #include <iostream>
2  using namespace std;
3
4  //定义联合类型Data
5  union Data
```

```
 6  {
 7     int no;
 8     double salary;
 9     char gender;
10  };
11
12  int main() {
13     //声明Data类型的变量data
14     Data data1, data2;
15
16     data1.no = 100;
17     cout << "data.no:" << data1.no << endl;
18     cout << "data.gender:" << data1.gender << endl;
19
20     //声明Data类型的指针变量data_ptr
21     Data *data_ptr = &data2;
22
23     data_ptr->gender = 'F';
24     cout << "data_ptr->gender:" << data_ptr->gender << endl;
25     cout << "data_ptr->no:" << data_ptr->no << endl;
26
27     return 0;
28  }
```

通过箭头运算符访问联合中的成员

data.no:100
data.gender:d
data_ptr->gender:F
data_ptr->no:70
编译后运行。

10.4 练一练

1 下列哪些选项属于自定义数据类型？（　　）

A. int

B. 结构体

C. 联合

D. 类

2 判断对错：

A. 枚举中的成员默认从1开始逐个加1。（　　）

B. 联合是将不同类型的数据整合在一起的数据集合。（　　）

C. 结构体中的每个成员都有自己的独立内存空间。（　　）

D. 联合中的成员共享相同的内存空间，每次只能存储一个成员。（　　）

E. 一个联合变量的长度由其最长的成员长度决定。（　　）

3 编程题：

设计一个employee（员工）结构体类型，用来描述员工的信息，要求包含员工编号、员工姓名等成员，然后声明两个employee变量emp1和emp2。

第11章　我与"函数"的故事

本章讲解 C++ 中函数相关的内容，其中包括：函数的定义、声明、调用、默认值，以及函数重载。在调用函数时，参数传递又分为值传递和引用传递。
函数的定义
函数的声明
函数的调用
函数的默认值
函数重载
y=f (x)

11.1 函数那些事儿

我们将程序中被反复执行的代码封装到一个代码块中，这个代码块就是函数，它类似于数学中的函数，具有函数名、参数和返回值。如右图所示是 add() 函数，它实现了两个整数的加法运算，主要包括函数头（声明函数名、参数列表、返回值类型）和函数体（实现函数的代码）这两部分。

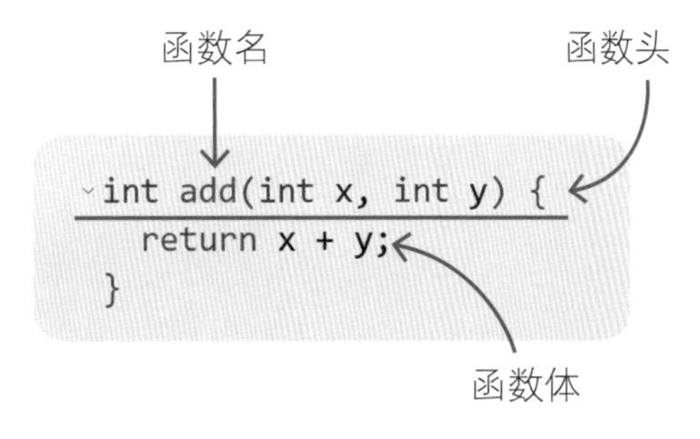

11.1.1 为什么需要函数

实现三次两个数的加法运算的代码如下。

```
1  #include <iostream>
2  #include <string>
3  using namespace std;
4  int main() {
5    int sum;
6    //计算1+1
7    sum = 1 + 1;
8    std::cout << "计算1+1= " << sum << std::endl;
9
10   //计算1+2
11   sum = 1 + 2;
12   std::cout << "计算 1+2 = " << sum << std::endl;
13
14   //计算88+99
15   sum = 88 + 99;
16   std::cout << "计算88+99 = " << sum << std::endl;
17 }
```

编译后运行。

```
计算 1+1= 2
计算 1+2 = 3
计算 88+99 = 187
```

11.1.2 定义函数

在 11.1.1 节的示例中进行了三次两个数的加法运算，代码比较臃肿。我们可以定义一个函数，通过该函数实现两个数的加法运算，然后反复调用该函数。

```
1  #include <iostream>
2  #include <string>
3  using namespace std;
4
5  //定义两个数相加的函数
6  int add(int x, int y) {
7    int sum = x + y;
8    return sum;
9  }
10 int main() {
11   int sum;
12   //计算1+1
13   sum = add(1, 1);
14   std::cout << "计算1+1= " << sum << std::endl;
15
16   //计算1+2
17   sum = add(1, 2);
18   std::cout << "计算 1+2 = " << sum << std::endl;
19
20   //计算88+99
21   sum = add(88, 99);
22   std::cout << "计算88+99 = " << sum << std::endl;
23 }
```

定义 add() 函数，该函数有 int 类型的参数 x 和 y，这两个参数在被调用时会被实际的数值替代，因此被称为形式参数（简称“形参”），返回值也是 int 类型

计算两个参数之和

通过 return 语句将计算结果返回给使用者

本行调用了第 6 行的 add() 函数，传递了两个实际参数（简称“实参”）的值 1 和 1，并将调用结果赋值给变量 sum

本行调用了第 6 行的 add() 函数，传递了两个实参的值 1 和 2，并将调用结果赋值给变量 sum

本行调用了第 6 行的 add() 函数，传递了两个实参的值 88 和 99，并将调用结果赋值给变量 sum

计算 1+1= 2
计算 1+2 = 3
计算 88+99 = 187
编译后运行。

函数调用流程解析：程序在运行到第 13 行代码时先调用 add() 函数，然后执行第 6 行代码中的 add() 函数，执行完成后，在第 8 行代码中通过 return 语句将计算结果返回给调用了该函数的那行代码，即第 13 行代码。

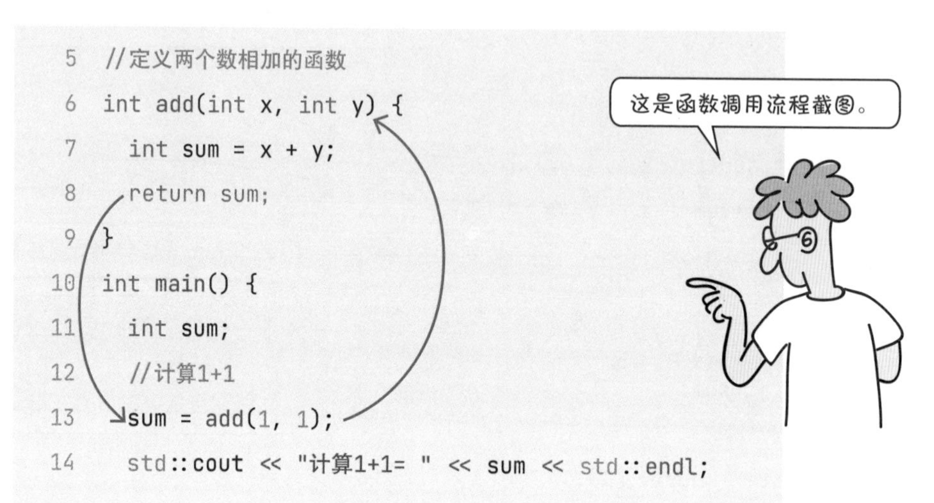

f(x) =
nothing
void 是什么类型？
void 表示无数据类型，也就是 nothing！

1 函数名由开发人员自定义，应遵循标识符命名规范。

2 在参数列表中有多个参数时,参数之间以逗号(,)分隔。

3 函数体就是函数要执行的代码块。

4 返回值类型用来说明函数的返回值（即计算结果）的类型，如果函数没有返回值，则将返回值类型声明为 void。

5 return 语句将函数的返回值返回给调用者，如果函数没有返回值，则可省略 return 语句。

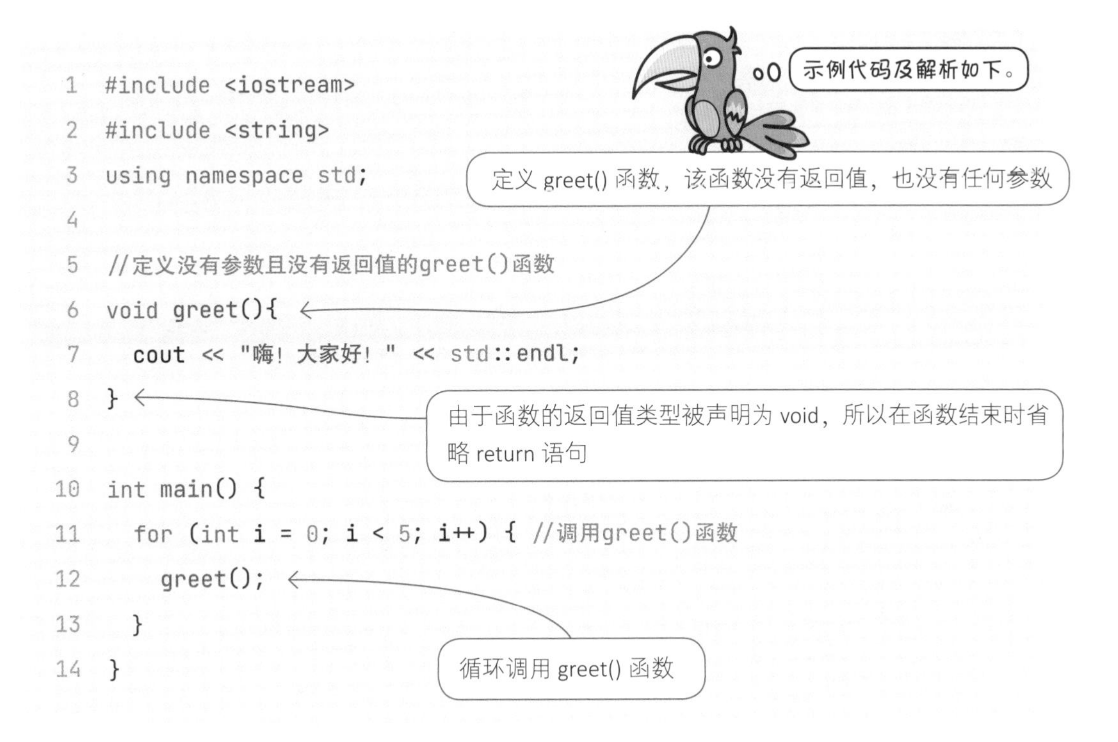
示例代码及解析如下。
定义 greet() 函数，该函数没有返回值，也没有任何参数
由于函数的返回值类型被声明为 void，所以在函数结束时省略 return 语句
循环调用 greet() 函数

```
1  #include <iostream>
2  #include <string>
3  using namespace std;
4
5  //定义没有参数且没有返回值的greet()函数
6  void greet(){
7    cout << "嗨！大家好！" << std::endl;
8  }
9
10 int main() {
11   for (int i = 0; i < 5; i++) { //调用greet()函数
12     greet();
13   }
14 }
```

```
嗨！大家好！
嗨！大家好！
嗨！大家好！
嗨！大家好！
嗨！大家好！
```

编译后运行。

11.1.3 声明函数

在调用函数之前要先声明函数，即告诉编译器函数名及如何调用该函数。事实上，函数头用于声明函数。

假如将上一个代码示例中的 add(int x, int y) 函数挪到 main() 函数后面，则程序在运行时会出现如下图所示的错误。

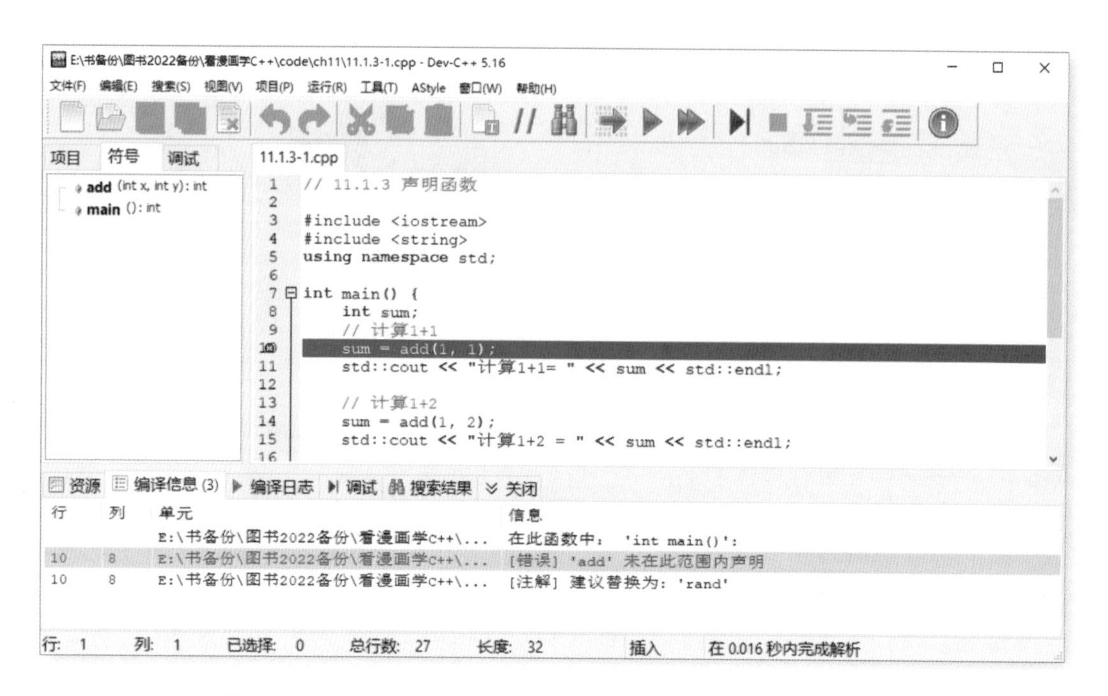

在定义函数的以下代码中，int add(int x, int y) 是函数头，它起到了声明函数的作用，函数头与函数体是可以分离的。

```
int add(int x, int y)
{
  int sum = x + y;
  return sum;
}
```

```
1  #include <iostream>
2  #include <string>
3  using namespace std;
4
5  //声明函数
6  int add(int x, int y);
```

```
7
8  int main() {
9    int sum;
10   //计算1+1
11   sum = add(1, 1);
12   std::cout << "计算1+1= " << sum << std::endl;
13   //计算1+2
14   sum = add(1, 2);
15   std::cout << "计算1+2 = " << sum << std::endl;
16   //计算88+99
17   sum = add(88, 99);
18   std::cout << "计算88+99 = " << sum << std::endl;
19 }
20 //定义将两个数相加的函数
21 int add(int x, int y) {
22   int result = x + y;
23   return result;
24 }
```

11.1.4 使用头文件声明函数

我们可以将源文件（.cpp 文件）中声明函数的代码挪到头文件（.h 文件）中，实现声明函数与定义函数的分离。

下面将代码分成两个文件，一个是头文件（11.1.3.h），一个是源文件（11.1.3.cpp）。

头文件

```
1  //头文件ch11\header_file\11.1.4.h
2  //声明函数
3  int add(int, int);
```

在头文件中声明 add() 函数

```
1  #include <iostream>
2  #include <string>
3  #include "./header_file/11.1.4.h"
4
5  using namespace std;
6
7  int main() {
8    int sum;
9    //计算1+1
10   sum = add(1, 1);
11   std::cout << "计算1+1= " << sum << std::endl;
12
13   //计算1+2
14   sum = add(1, 2);
15   std::cout << "计算1+2 = " << sum << std::endl;
16
17   //计算88+99
18   sum = add(88, 99);
19   std::cout << "计算88+99 = " << sum << std::endl;
20 }
21
22 //定义将两个数相加的函数
23 int add(int x, int y) {
24   int result = x + y;
25   return result;
26 }
```

通过“# include”指令将头文件 11.1.4.h 包含到当前源文件中。注意：头文件位于当前目录的 header_file 目录下

编译后运行。

```
计算 1+1= 2
计算 1+2 = 3
计算 88+99 = 187
```

我看包含头文件时有两种语法，一种是使用一对双引号（""）指定要包含的头文件，另一种是使用一对尖括号（<>）指定要包含的头文件。比如下面的两行代码，其区别是什么呢？

```
#include <string>
#include "./header_file/11.1.3.h"
```

其区别如下。

①在一对尖括号中指定要包含的头文件时，编译器会从INCLUDE环境变量指定的目录下搜索头文件，一般用于包含标准库（*std*）等头文件。

②在一对双引号中指定要包含的头文件时，编译器会根据指定的路径包含头文件，路径既可以是相对路径，也可以是绝对路径。

11.2 函数参数的传递

我们在调用一个函数时，传递给函数的参数会在函数调用过程中被修改。那么在函数调用完成之后，参数的值是什么样子的呢？

在C++中调用函数时，参数的传递有以下两种方式。

1 按值传递：会将参数复制一个副本，然后将该副本传递给函数，在函数调用过程中即使改变了参数的值，也不会改变参数的原始值。

2 按引用传递：会将参数的引用（地址）传递给函数，在函数调用过程中改变了参数的值时，也会改变参数的原始值。

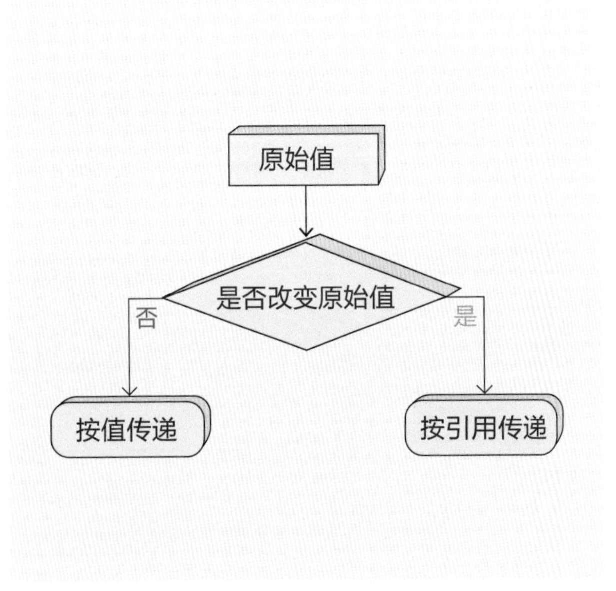

11.2.1 示例 1：按值传递

即使在函数内部改变参数 adta 的值，但因为这里采用的是按值传递，所以也不会影响参数 adta 的原始值。

900

data = 800

```
1   #include <iostream>
2   using namespace std;
3   //定义函数
4   void change(int data) {
5     //在函数中改变参数data的值
6     data = 900;
7   }
8   int main() {
9     int data = 800;
10    cout << "调用前的参数data：" << data << endl;
11    change(data);
12    cout << "调用后的参数data：" << data << endl;
13    return 0;
14  }
```

参数 data 没有任何修饰，即采用默认方式传递，也就是按值传递

示例代码及解析在此。

编译后运行。

```
调用前的参数 data：800
调用后的参数 data：800
```

在函数调用前后参数 data 的值没有发生变化

11.2.2 示例 2：按引用传递

这是我的变量，值是 900
data = 900
现在值变成了800。因为这里采用的是按引用传递，所以在函数内部改变参数 adta 的值会影响参数 adta 的原始值。
800
data = 800

```
1  #include <iostream>
2  using namespace std;
3  //定义函数
4  void change(int &data) {
5    //在函数中改变参数data的值
6    data = 900;
7  }
8
9  int main() {
10   int data = 800;
11   cout << "调用前的参数data: " << data << endl;
12   change(data);
13   cout << "调用后的参数data: " << data << endl;
14   return 0;
15 }
```

用“&”符号修饰参数 data，表明参数 data 采用的是按引用传递

示例代码及解析在此。

编译后运行。

```
调用前的参数 data：800
调用后的参数 data：900
```

在函数调用前后，参数 data 的值发生了变化

11.2.3 示例 3：通过数据交互函数实现数据交换

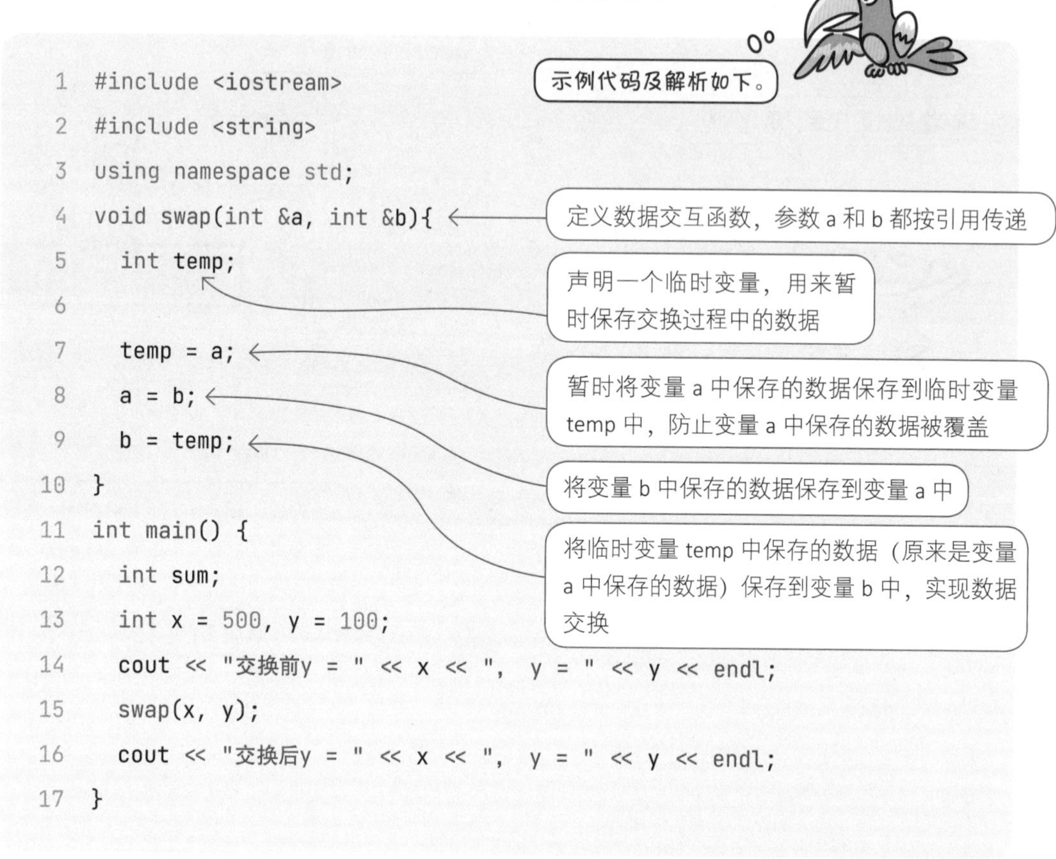

示例代码及解析如下。
定义数据交互函数，参数 a 和 b 都按引用传递
声明一个临时变量，用来暂时保存交换过程中的数据
暂时将变量 a 中保存的数据保存到临时变量 temp 中，防止变量 a 中保存的数据被覆盖
将变量 b 中保存的数据保存到变量 a 中
将临时变量 temp 中保存的数据（原来是变量 a 中保存的数据）保存到变量 b 中，实现数据交换


```
1  #include <iostream>
2  #include <string>
3  using namespace std;
4  void swap(int &a, int &b){
5    int temp;
6
7    temp = a;
8    a = b;
9    b = temp;
10 }
11 int main() {
12   int sum;
13   int x = 500, y = 100;
14   cout << "交换前y = " << x << ",  y = " << y << endl;
15   swap(x, y);
16   cout << "交换后y = " << x << ",  y = " << y << endl;
17 }
```

11.3 参数的默认值

在声明函数时可以为参数设置一个默认值，在调用该函数且传递参数时可以忽略该值。

```
1  #include <iostream>
2  #include <string>
3  using namespace std;
4  string makeCoffee(string type = "卡布奇诺"){
5    return "制作一杯" + type + "咖啡。"
6  }
7
8  int main() {
9    //声明字符串的两个变量
10   string coffee1, coffee2;
11   //调用makeCoffee()函数，传递参数
12   coffee1 = makeCoffee("拿铁");
13   //调用makeCoffee()函数，没有传递参数
14   coffee2 = makeCoffee();
15   cout << coffee1 << endl;
16   cout << coffee2 << endl;
17   return 0;
18 }
```

定义 makeCoffee() 函数，type 是参数，通过“=”为该参数提供默认值

拼接字符串并通过 return 语句将拼接结果返回

由于没有为参数 type 赋值，所以在调用时会采用其默认值

编译后运行。

```
制作一杯拿铁咖啡。
制作一杯卡布奇诺咖啡。
```

11.4 函数重载

函数重载的特点如下。

1 函数名相同。

2 参数列表不同，即参数类型或参数数量不同。

```
1  #include <iostream>
2  #include <string>
3  using namespace std;
4
5  //声明4个函数，它们的函数名相同，参数列表不同
6  int add(int x, int y);
7  double add(double x, double y);
8  float add(float x, float y);
9  int add(int x);
10
11 int main() {
12   cout << "调用add(int x, int y)函数: " << add(1, 1) << endl;
13   cout << "调用add(double x, double y)函数: " << add(1.0, 1.0) << endl;
14   cout << "调用add(float x, float y)函数: " << add(1.0f, 1.0F) << endl;
15   cout << "调用add(int x)函数: " << add(10) << std:: endl;
16   return 0;
17 }
18
19 //定义函数
20 int add(int x, int y) {
21   return x + y;
22 }
23 double add(double x, double y) {
24   return x + y;
```

- 声明 add() 函数有两个 int 类型的参数（第 6 行）
- 声明 add() 函数有两个 double 类型的参数（第 7 行）
- 声明 add() 函数有两个 float 类型的参数（第 8 行）
- 声明 add() 函数，该函数只有一个参数（第 9 行）
- 1.0 表示双精度浮点数
- 1.0f 或 1.0F 表示单精度浮点数

```
25  }
26  float add(float x, float y) {
27    return x + y;
28  }
29  int add(int x) {
30    return ++x;
31  }
```

```
调用 add(int x, int y) 函数：2
调用 add(double x, double y) 函数：2
调用 add(float x, float y) 函数：2
调用 add(int x) 函数：11
```

编译后运行。

11.5 练一练

1 下列哪些选项正确声明了将两个整数进行加法运算的函数。（　　）

A．int add(x, y)

B．int add(int a, int b)

C．int add(int x, int y)

D．int add(int, int)

2 重载函数的区分标准是（　　）。

A．函数名相同

B．参数类型不同

C．参数个数不同

D．返回值类型相同

3 判断对错：

A．在调用函数时，如果参数按值传递，则会将参数复制出一个副本，然后将副本传递给函数，在函数调用过程中即使改变参数的值，也不会改变参数的原始值。（　　）

B．在调用函数时，如果将参数按引用传递，则会将参数的引用（地址）传递给函数，在函数调用过程中改变了参数的值时，也会改变参数的原始值。（　　）

5 编程题：先编写 getArea() 函数来计算矩形的面积，然后从控制台输入矩形的高和宽来测试 getArea() 函数。

6 编程题：先编写 isEquals() 函数来比较两个数字是否相等，然后从控制台输入两个数字来测试 isEquals() 函数。

第12章 可大可小的“容器”

本章主要讲解向量，它是容器数据类型。本章会重点讲解向量的特点、初始化、如何删除向量中的元素，以及二维向量。

12.1 为什么需要向量

对于从数据库中查询得到的数据，应该采用什么数据类型进行保存呢？
采用数组。
但数组的长度是固定的，我们并不知道能查询到多少符合条件的数据，所以这里应该采用向量。

向量是 C++ 标准库提供的 vector 类，类似于动态数组，可以在插入或删除元素时自动调整自身的大小。向量中的元素被保存在连续的内存单元中。

12.1.1 初始化向量

下面初始化向量。

```
1   #include <iostream>
2   #include <string>
3   #include <vector>
4   using namespace std;
5   int main() {
6       vector<string> vect;
7       vect.push_back> ( “刘备” );
8       vect.push_back( “关羽” );
9       vect.push_back( “张飞” );
10
11      cout << vect.at(0) << endl;
12      cout << vect.at(1) << endl;
13      cout << vect[2] << endl;
14
15      return 0;
16  }
```

包含该头文件

指定向量能保存的数据类型

声明一个空的向量 vect

在向量中追加元素

通过 at() 函数访问向量中的元素，0 是第 1 个元素的索引。与数组一样，向量中元素的索引也是从 0 开始的

通过“[]”访问向量中的元素，这种访问元素的方式与数组类似

“vector”后面的“<string>”其实是模板（Template），可以限制 vector 能保存的数据类型，比如 vector<string> 表示能保存字符串类型的 vector。除此之外，还有能保存整型及浮点型的 vector。

```
1  #include <iostream>
2  #include <string>
3  #include <vector>
4  using namespace std;
5  int main() {
6      vector<int> vect;
7
8      vect.push_back(10);
9      vect.push_back(20);
10     vect.push_back(890);
11     vect.push_back( “刘备” );
12     return 0;
13 }
```

初始化 int 类型的向量（第6行）

若试图追加非 int 类型的数据，则会发生编译错误（第11行）

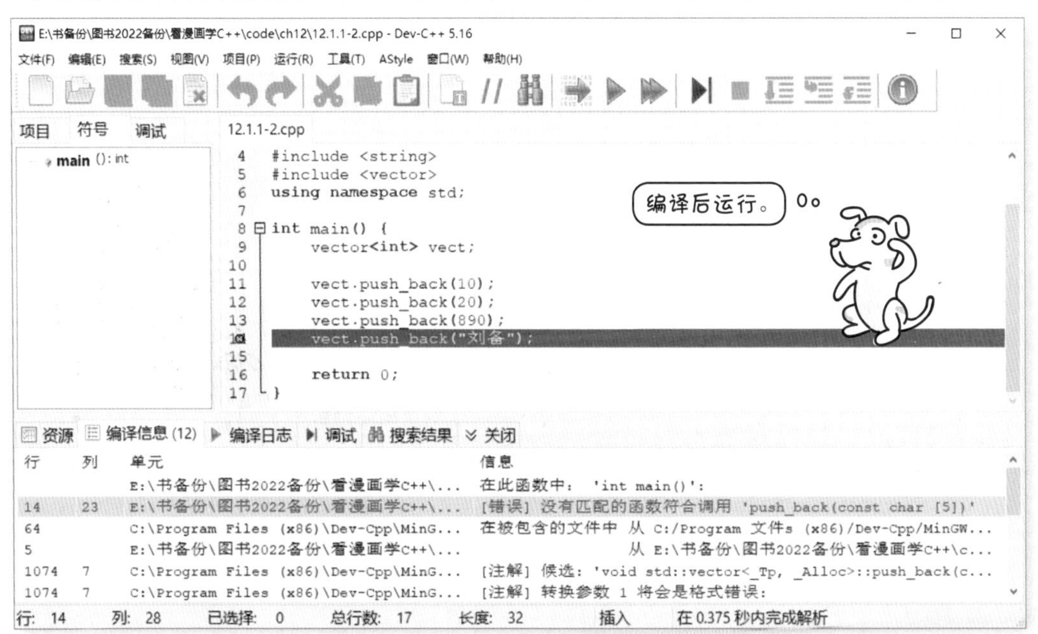

在初始化向量后，还要分别初始化其中的每一个元素，这样太麻烦了！我们还可以采用简便的方法批量初始化向量中的元素。

```
1  #include <iostream>
2  #include <string>
3  #include <vector>
4  using namespace std;
5  int main() {
6      //初始化有5个元素的vect 向量， 将每一个元素都初始化为8.8
7      vector<float>  vect(5, 8.8);
8
9      for (int i = 0; i < vect.size(); i++) {
10         cout << vect[i] << endl;
11     }
12     return 0;
13 }
```

该参数用于设置向量中元素的个数

该参数用于设置向量中元素的数值

获取向量的大小，即向量中元素的个数

通过 for 循环遍历向量中的每一个元素

编译后运行。

```
8.8
8.8
8.8
8.8
8.8
```

另外，我们可以通过类似初始化数组的方式初始化向量。

示例代码及解析如下。

```
1  #include <iostream>
2  #include <string>
3  #include <vector>
4  using namespace std;
```

```
5   int main()
6   {
7       vector<int> vect{10, 20, 30};
8         for (int i = 0; i < vect.size(); i++) {
9           cout << vect[i] << endl;
10      }
11      return 0;
12  }
```

通过大括号初始化向量

编译后运行。

```
10
20
30
```

12.1.2 删除向量中的元素

向量可以动态改变自身的大小，我们可以在向量中追加和删除元素。追加是通过 push_back() 函数实现的，之前已经有所讲解。下面重点讲解如何删除向量中的元素。

删除向量中元素的函数是 pop_back()，该函数会删除向量中的最后一个元素，与 push_back() 函数的作用相反。

示例代码及解析如下。

```
1   //删除向量中的元素
2   #include <iostream>
3   #include <string>
4   #include <vector>
5   using namespace std;
6   int main() {
7       vector<string> vect{ "刘备" , "关羽" , "张飞" };
```

```
8        vect.push_back( “赵云” );  ←  追加一个元素
9
10       cout << “删除前：” << endl;
11       for (int i = 0; i < vect.size(); i++) {
12           cout << vect[i] + “    ”;
13       }
14       //打印换行
15       cout << endl;
16       cout << “删除后：” << endl;
17       vect.pop_back();  ←  删除最后一个元素
18       for (int i = 0; i < vect.size(); i++) {
19           cout << vect[i] + “    ”;
20       }
21       return 0;
22   }
```

编译后运行。

```
删除前:
刘备  关羽  张飞  赵云
删除后:
刘备  关羽  张飞
```

12.2 二维向量

数组有一维数组和高维数组之分，向量也有一维向量和高维向量之分，下面重点讲解二维向量的内容。

示例代码及解析如下。

```
1  #include <iostream>
2  #include <string>
3  #include <vector>
4  using namespace std;
5  int main() {
6      //初始化二维向量vect
7      vector<vector<int>>vect{
8          {1, 2, 3},
9          {4, 5, 6},
10         {7, 8, 9}};
11
12     //遍历二维向量vect
13     for (int i = 0; i < vect.size(); i++){
14
15         for (int j = 0; j < vect[i].size()#; j++){
16             cout << vect[i][j]<< "  ";
17         }
18         //打印换行
19         cout << endl;
20     }
21     return 0;
22 }
```

<vector<int>> 用于声明二维向量中每一行的类型

<int> 用于声明每个元素的数据类型

获取二维向量的行数

通过双层循环遍历二维向量

获取二维向量的列数

获取二维向量中的元素

12.5　练一练

1　下列哪些选项正确声明了字符串类型的向量？（　　）

A．vector<> vect;

B．vector<string> vect;

C．vector<int> vect;

D．string vector vect;

2　下列哪些选项正确声明了整型二维向量？（　　）

A．vector<vector<int>> vect;

B．vector<vector<string>> vect;

C．vector<<int>> vect;

D．vector<int>> vect;

3　下列哪些选项能在向量中追加元素？（　　）

A．add()

B．pop_back()

C．append()

D．push_back()

4　判断对错：向量是在 C++ 标准库中提供的 vector 类，类似于动态数组，向量中的元素被保存在连续的内存单元中，一旦初始化，就不能改变其大小。（　　）

5　编程题：在 11.5 节第 7 题的基础上设计一个 employee（员工）结构体类型，声明 5 个 employee 变量，并将这 5 个 employee 变量放到一个向量中。

第13章　我与"对象"的故事(一)

本章讲解C++面向对象的基础知识，其中包括：对象和类的概念、面向对象的基本特征、类的声明和定义、构造函数和析构函数。读者需要重点掌握类的定义和声明，熟悉构造函数，了解析构函数。

C++最主要的特征之一就是面向对象，如果C++没有面向对象的特征，那么它与C语言无异。

- 对象和类的概念
- 面向对象的基本特征
- 类的声明和定义
- 构造函数和析构函数

13.1 C++面向对象那些事儿

面向对象是一种流行的程序设计方法，其基本思想是通过对象、类、继承、封装等进行程序设计。

13.1.1 什么是类和对象

一个对象是系统中的一个实体，由属性和对属性进行操作的方法组成。

如下图所示，狗是一个类，它有属性（体重、身高和食物）和方法（跑、玩和吃），而“球球”是狗的名字，它是“狗”这个类所实例化的个体，被称为“对象”或“实例”。

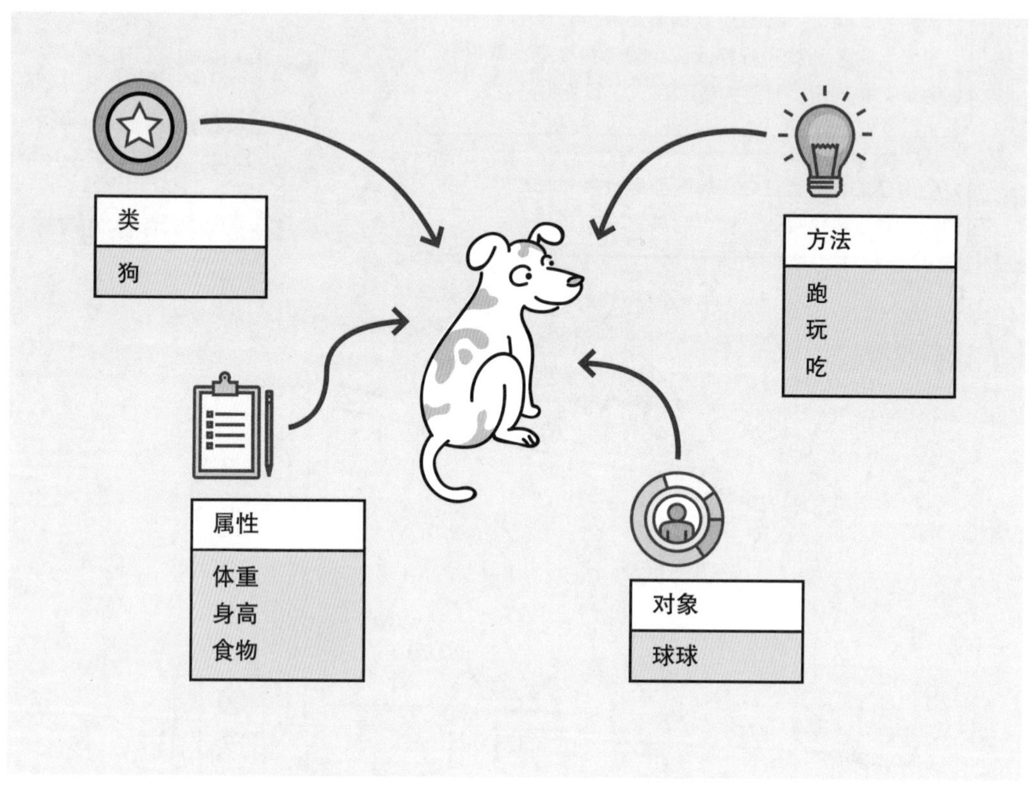

13.1.2 面向对象的基本特征

面向对象有三大基本特征。

1 封装性：指把对象的内部细节隐藏起来，对外提供一个简单的接口。例如，一台电视机的内部极其复杂，但是我们一般不需要了解这些细节，只需一个遥控器就可以操控电视机。

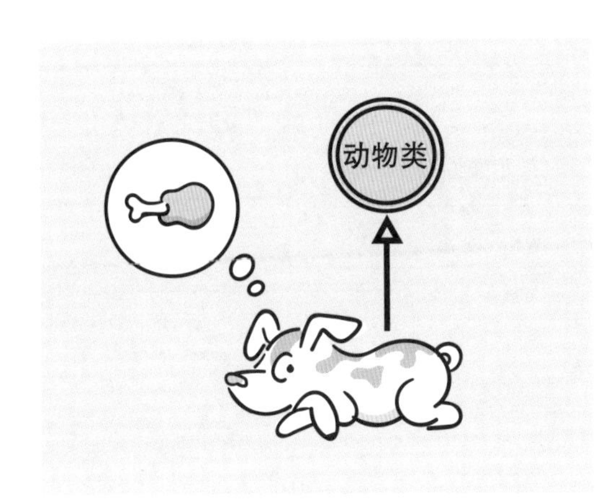
动物类

2 继承性：指子类继承父类，父类是一般类，子类是特殊类，子类可以继承父类的属性和方法。例如，动物类是一般类，它是父类，而狗类是特殊类，是动物类的子类，狗类继承了动物类的属性，比如体重、身高等，也继承了动物类的方法，比如吃、跑等。

3 多态性：指子类在继承父类后，可以有自己的属性和方法。例如，狗类在继承动物类后，可以有自己的属性和方法，比如“汪汪”地叫；而猫类在继承动物类后是“喵喵”地叫。

喵喵！
汪汪！

13.2 类的声明与定义

编写类与编写函数类似，分为定义和声明，而且对类的定义和声明也可被拆分为两个文件。

在定义类时需要指定类名，以及在类中包含哪些成员（成员变量和成员函数）。
示例代码及解析如下。

13.2.1 定义类

```
1  #include <iostream>
2  #include <string>
3  using namespace std;
4
5  //定义Dog类
6  class Dog{
7  //声明成员变量
8  public:
```

使用 class 关键字定义 Dog 类，类名应该遵循 C++ 标识符命名规范

左大括号表示 Dog 类的开始

声明后面的成员（成员变量和成员函数）是公有的

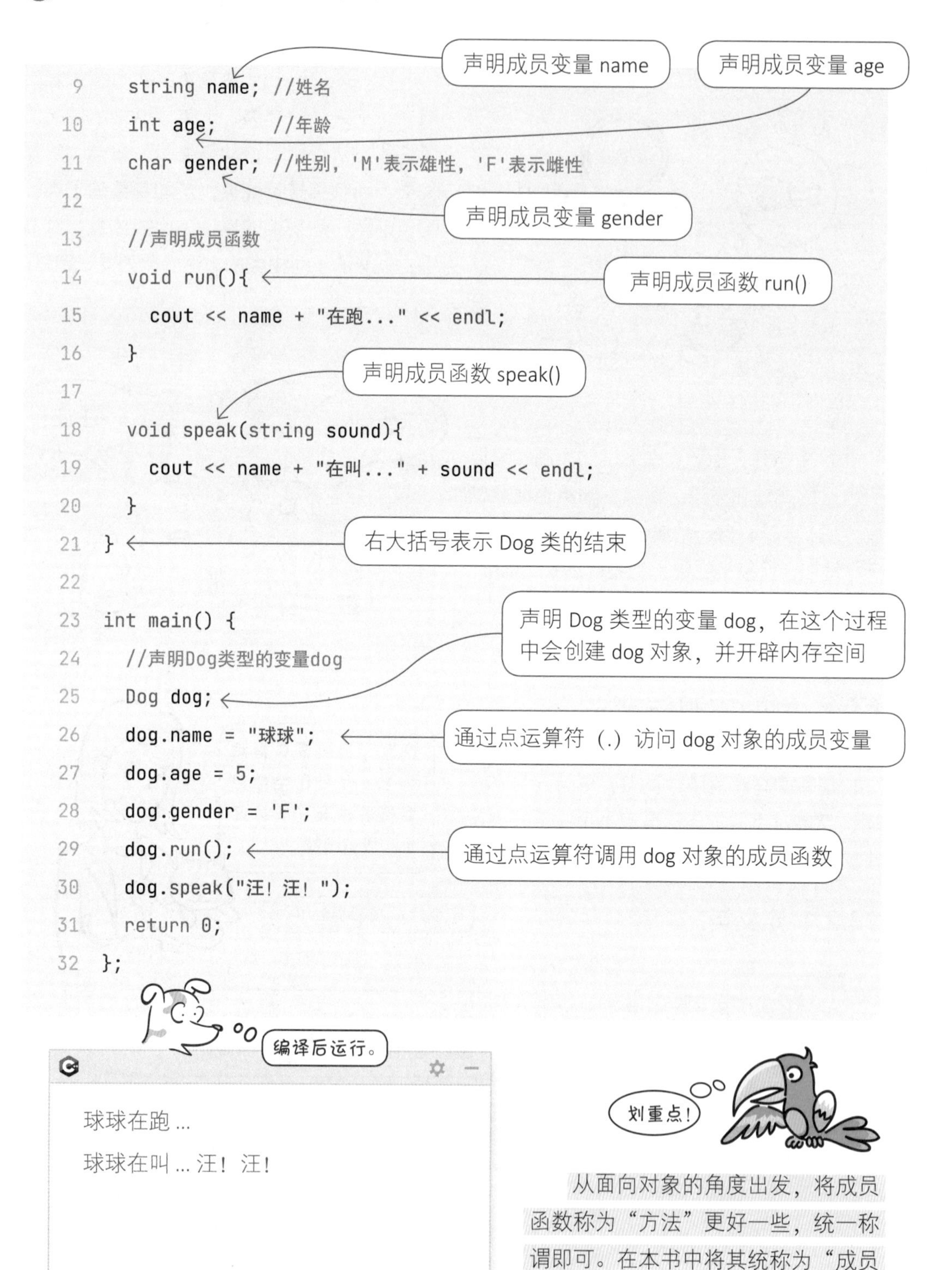
声明成员变量 name
声明成员变量 age
声明成员变量 gender
声明成员函数 run()
声明成员函数 speak()
右大括号表示 Dog 类的结束
声明 Dog 类型的变量 dog，在这个过程中会创建 dog 对象，并开辟内存空间
通过点运算符（.）访问 dog 对象的成员变量
通过点运算符调用 dog 对象的成员函数
编译后运行。
球球在跑 ...
球球在叫 ... 汪！汪！
划重点！

```
 9     string name; //姓名
10     int age;      //年龄
11     char gender; //性别，'M'表示雄性，'F'表示雌性
12
13     //声明成员函数
14     void run(){
15       cout << name + "在跑..." << endl;
16     }
17
18     void speak(string sound){
19       cout << name + "在叫..." + sound << endl;
20     }
21   }
22
23   int main() {
24     //声明Dog类型的变量dog
25     Dog dog;
26     dog.name = "球球";
27     dog.age = 5;
28     dog.gender = 'F';
29     dog.run();
30     dog.speak("汪！汪！");
31     return 0;
32   };
```

从面向对象的角度出发，将成员函数称为“方法”更好一些，统一称谓即可。在本书中将其统称为“成员函数”。

13.2.2 声明类

比如，将代码分成两个文件：一个是头文件（13.2.2.*h*），另一个是源文件（13.2.2.*cpp*）。

对类的声明也可以在头文件中进行。

头文件的代码如下。

```
1  #include <string>
2  using namespace std;
3  //声明Dog类
4  class Dog
5  {
6  public:
7      //声明成员变量
8      string name; //姓名
9      int age;     //年龄
10     char gender; //性别，'M'表示雄性，'F'表示雌性
11
12     //声明成员函数
13     void run();
14     void speak(string sound);
15 };
```

在头文件中声明成员变量

在头文件中声明成员函数。注意：不应该有函数体

源文件的代码如下。

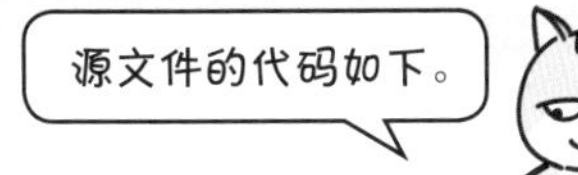

```
1  #include <iostream>
2  #include <string>
3  #include "./header_file/13.2.2.h"
4
5  using namespace std;
6
7  int main() {
8    //声明Dog类型的变量dog
9    Dog dog;
```

通过“# include”指令将头文件包含到当前源文件中

```
10    dog.name = "球球";
11    dog.age = 5;
12    dog.gender = 'F';
13    dog.run();
14    dog.speak("汪！汪！");
15
16    return 0;
17  };
18
19  //定义函数
20  void Dog::run(){
21    cout << name + "在跑..." << endl;
22  }
23
24  //定义函数
25  void Dog::speak(string sound) {
26   cout << name + "在叫..." + sound << endl;
27  }
```

定义函数，其中提供了函数体的具体实现，在指定函数时要加上前缀“Dog::”

总结一下。

1　编写类时，对类的声明和定义可以在同一个文件中进行，也可以在两个不同的文件中分别进行。

2　一般将对类的声明放到头文件（.h 文件）中，将对类的定义放到源文件（.cpp 文件）中。

3　在头文件中声明类的名称及所包含的成员，主要的成员函数没有函数体。

4　在源文件中定义类，即提供类的实现，也就是说，要为在头文件中声明的函数头提供具体的实现，即提供函数体部分。

13.3 构造函数

“初始化”这里。

在 Dog 类中如何初始化成员变量呢？
可以在构造函数中实现。
头文件的代码如下。

在创建一个对象时，常常需要做初始化工作，例如对成员变量赋初始值。如果一个成员变量未被赋值，它的值就是不可预知的。对构造函数的说明如下。

1 构造函数是一种特殊的成员函数，是用来初始化对象的。

2 构造函数必须与类同名，不能由用户任意命名。

3 构造函数不返回任何值。

4 构造函数不需要用户调用，在创建对象时，系统会自动调用构造函数。

```
1  #include <string>
2  using namespace std;
3
4  //声明Dog类
```

```
5  class Dog
6  {
7  public:
8      //声明成员变量
9      string name; //姓名
10     int age;      //年龄
11     char gender; //性别, 'M'表示雄性, 'F'表示雌性
12
13     //声明构造函数
14     Dog(int page, string pname, char pgender);
15
16     //声明成员函数
17     void run();
18     void speak(string sound);
19 };
```

源文件的代码如下。

```
1  #include <iostream>
2  #include <string>
3  #include "./header_file/13.3.h"
4
5  using namespace std;
6
7  int main() {
8    //声明Dog类型的变量dog
9    Dog dog = Dog(5, "球球", 'F');
10
11   dog.run();
12   dog.speak("汪！汪！");
13   return 0;
14 };
```

在创建 dog 对象时，系统会开辟内存空间，并自动调用有 3 个参数的构造函数，同时初始化成员变量

```
15
16 //定义构造函数
17 Dog::Dog(int page, string pname, char pgender) {
18   age = page;
19   name = pname;
20   gender = pgender;
21 };
22
23 //定义函数
24 void Dog::run() {
25   cout << name + "在跑..." << endl;
26 }
27 void Dog::speak(string sound) {
28   cout << name + "在叫..." + sound << endl;
29 }
```

13.3.1 构造函数的重载

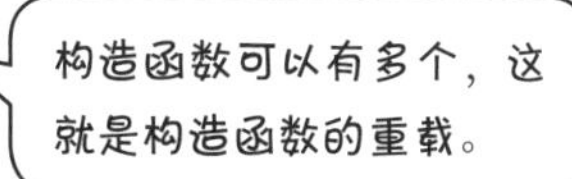

构造函数可以有多个，这
就是构造函数的重载。
头文件的代码如下。


```
1 #include <string>
2 using namespace std;
3
4 //声明Dog类
5 class Dog
6 {
7 public:
8     //声明成员变量
9     string name; //姓名
```

```
10      int age;      //年龄
11      char gender; //性别，'M'表示雄性，'F'表示雌性
12
13      //声明构造函数
14
15      Dog(int page, string pname, char pgender);
16      Dog(int page, string pname);
17      Dog(string pname);
18      Dog();
19
20      //声明成员函数
21      void run();
22      void speak(string sound);
23  };
```

声明 4 个构造函数，它们有不同的参数，是重载的

源文件的代码如下。

```
1  #include <iostream>
2  #include <string>
3  #include "./header_file/13.3.1.h"
4  using namespace std;
5
6  int main() {
7    //声明Dog类型的变量dog1
8    Dog dog1 = Dog(5, "大黄", 'F');
9
10   dog1.run();
11   dog1.speak("汪！汪！");
12
13   //声明Dog类型的变量dog2
14   Dog dog2 = Dog("小黑");
15
16   dog2.run();
```

创建 dog1 对象，系统会为其开辟内存空间，并自动调用有 3 个参数的构造函数，同时初始化成员变量

使用有 1 个参数的构造函数初始化对象 dog2

```
17    dog2.speak("汪！汪！");
18
19    //声明Dog类型的变量dog3
20    Dog dog3 = Dog();
21    dog3.run();
22    dog3.speak("汪！汪！");
23
24    return 0;
25  };
26
27  //定义构造函数
28  Dog::Dog(int page, string pname, char pgender) {
29    age = page;
30    name = pname;
31    gender = pgender;
32  };
33
34  Dog::Dog(int page, string pname) {
35    age = page;
36    name = pname;
37    gender = 'M';
38  };
39  Dog::Dog(string pname) {
40    age = 0;
41    name = pname;
42    gender = 'M';
43  };
44
45  Dog::Dog() {
46    age = 0;
47    name = "球球";
48    gender = 'M';
```

使用无参数的构造函数初始化对象 dog3

定义构造函数，提供函数体部分

```
49  };
50
51  //定义函数
52  void Dog::speak(string sound) {
53    cout << name + "在叫..." + sound << endl;
54  }
55
56  void Dog::run() {
57    cout << name + "在跑..." << endl;
58  }
```

编译后运行。

```
大黄在跑...
大黄在叫...汪！汪！
小黑在跑...
小黑在叫...汪！汪！
球球在跑...
球球在叫...汪！汪！
```

13.3.2 析构函数

在销毁对象时，如果需要释放所占用的一些资源，比如关闭文件、断开数据网络连接等，则可以使用析构函数。

1 析构函数是一种特殊的成员函数，在对象的生命周期结束时，系统会自动调用该函数。

2 析构函数的作用并不是删除对象，而是在撤销对象所占用的内存之前完成一些清理工作。

3 析构函数的名称是类名的前面加一个“～”符号。

4 析构函数不返回任何值，没有任何返回值的类型，也没有参数。

5 析构函数不能被重载。一个类可以有多个构造函数，但只能有一个析构函数。

头文件的代码如下。

```
1  #include <string>
2  using namespace std;
3
4  //声明Dog类
5  class Dog
6  {
7  public:
8      //声明成员变量
9      string name; //姓名
10     int age;     //年龄
11     char gender; //性别，'M'表示雄性，'F'表示雌性
12
13     //声明构造函数
14     Dog(int page, string pname, char pgender);
15     Dog(int page, string pname);
16     Dog(string pname);
17     Dog();
18
19     //声明析构函数
20     ~Dog();
21     //声明成员函数
```

声明析构函数

```
22     void run();
23     void speak(string sound);
24 };
```

源文件的代码如下。

```
1  #include <iostream>
2  #include <string>
3  #include "./header_file/13.3.2.h"
4  using namespace std;
5  int main() {
6    //声明Dog类型的变量dog1
7    Dog dog1 = Dog(5, "大黄", 'F');
8
9    dog1.run();
10   dog1.speak("汪! 汪! ");
11
12   return 0;
13 };
14
15 //定义构造函数
16 Dog::Dog(int page, string pname, char pgender) {
17   age = page;
18   name = pname;
19   gender = pgender;
20 };
21
22 //定义析构函数
23 Dog::~Dog() {
24   cout << name << "->对象销毁，在此释放资源..." << endl;
25 };
26
```

定义析构函数

```
27  Dog::Dog(int page, string pname) {
28    age = page;
29    name = pname;
30    gender = 'M';
31  };
32  Dog::Dog(string pname) {
33    age = 0;
34    name = pname;
35    gender = 'M';
36  };
37
38  Dog::Dog() {
39    age = 0;
40    name = "球球";
41    gender = 'M';
42  };
43
44  //定义函数
45  void Dog::speak(string sound) {
46    cout << name + "在叫..." + sound << endl;
47  }
48
49  void Dog::run() {
50    cout << name + "在跑..." << endl;
51  }
```

编译后运行。

```
大黄在跑...
大黄在叫...汪！汪！
大黄 -> 对象销毁，在此释放资源...
```

13.4 练一练

1. 下列哪些选项是面向对象的基本特征？（ ）

   A. 封装性

   B. 继承性

   C. 多态性

   D. 一致性

2. 下列哪些选项是类的成员？（ ）

   A. 成员函数

   B. 成员变量

   C. 构造函数

   D. 析构函数

3. 关于构造函数，下列哪些选项说法正确？（ ）

   A. 构造函数是用来初始化对象的。

   B. 构造函数必须与类同名，不能由用户任意命名。

   C. 构造函数返回 void 类型。

   D. 对构造函数需要使用 new 关键字进行调用。

4. 关于析构函数，下列哪些选项说法正确？（ ）

   A. 析构函数是一种特殊的成员函数，在对象的生命周期结束时，系统会自动调用该函数。

   B. 析构函数的作用并不是删除对象，而是在撤销对象占用的内存之前完成一些清理工作。

   C. 析构函数的名称是在类名的前面加一个“～”符号。

   D. 析构函数不返回任何值，没有任何返回值类型，也没有参数。

   E. 析构函数不能被重载。一个类可以有多个构造函数，但只能有一个析构函数。

5. 判断对错：在一般情况下，对类的声明是在头文件中进行的，对类的定义应该在源文件中进行。（ ）

6. 编程题：设计一个 employee（员工）类，用来描述员工的信息，要求包含员工编号、员工姓名等成员，然后声明两个 employee 对象（emp1 和 emp2）。

第14章 我与"对象"的故事（二）

14.1 对象指针

在 C++ 中，不仅一般的数据类型可以有指针类型，对象也可以有指针类型，而且对象指针很常用。

在 9.2.3 节提到了对象指针，但我还不太懂。能再详细介绍一下吗？
当然！对象指针实际上是指向一个对象的指针，允许我们通过指针来访问对象的成员和方法。

14.1.1 通过对象指针访问成员

与结构体指针类似，对象指针在访问其成员时，要使用箭头运算符（->）。

```cpp
#include <string>
using namespace std;

//声明Dog类
class Dog {
public:
    //声明成员变量
    string name; //姓名
    int age;     //年龄
    char gender; //性别，'M'表示雄性，'F'表示雌性

    //声明构造函数
    Dog(int page, string pname, char pgender);

    //声明成员函数
    void run();
    void speak(string sound);
};
```

源文件的代码如下。

```cpp
#include <iostream>
#include <string>
#include "./header_file/14.1.h"

using namespace std;
```

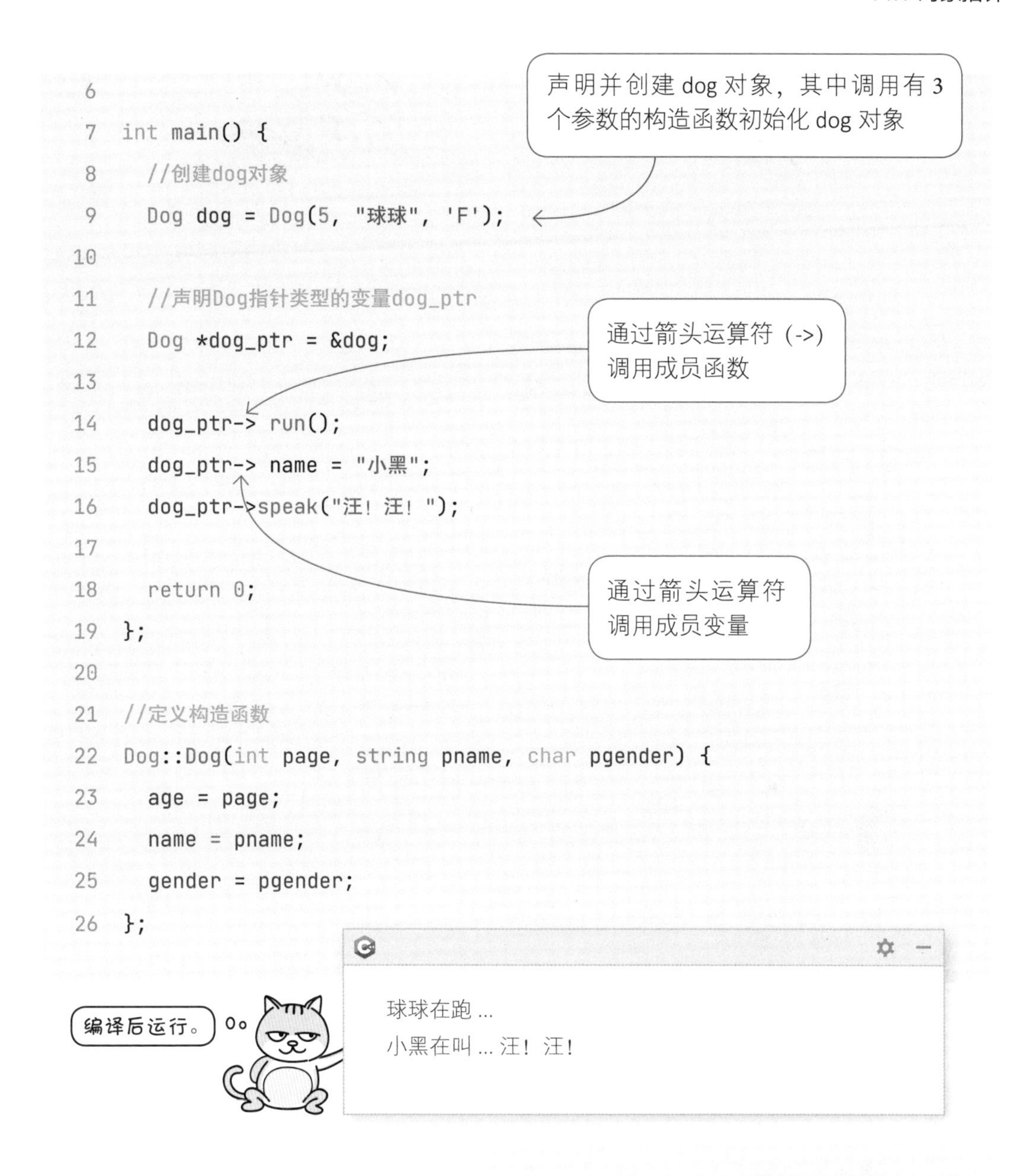

声明并创建 dog 对象，其中调用有 3 个参数的构造函数初始化 dog 对象
通过箭头运算符（->）调用成员函数
通过箭头运算符调用成员变量
编译后运行。
球球在跑 ...
小黑在叫 ... 汪！汪！


```
6
7  int main() {
8      //创建dog对象
9      Dog dog = Dog(5, "球球", 'F');
10
11     //声明Dog指针类型的变量dog_ptr
12     Dog *dog_ptr = &dog;
13
14     dog_ptr-> run();
15     dog_ptr-> name = "小黑";
16     dog_ptr->speak("汪！汪！");
17
18     return 0;
19 };
20
21 //定义构造函数
22 Dog::Dog(int page, string pname, char pgender) {
23     age = page;
24     name = pname;
25     gender = pgender;
26 };
```

14.1.2 this 指针

当一个类的成员变量名与局部变量名相同时，会引发冲突。

```
1  int main() {
2    //创建dog对象
3    Dog dog = Dog(5, "大黄", 'F');
4
5    //声明Dog指针类型的变量dog_ptr
6    Dog *dog_ptr = &dog;
7  ......
8    return 0;
9  };
10
11 //定义构造函数
12 Dog::Dog(int age, string name, char gender) {
13   age = age
14   name = name;
15   gender = gender;
16 };
17
18 //定义函数
19 void Dog::run() {
20   cout << name + "在跑..." << endl;
21 }
22
23 //定义函数
24 void Dog::speak(string sound) {
25   cout << name + "在叫..." + sound << endl;
26 }
```

它是成员变量
它是构造函数的参数，是一个局部变量，因为该局部变量名与成员变量名相同，所以会引发冲突


```
在跑 ...
在叫 ... 汪！汪！
```

函数的参数相当于局部变量，作用域是当前函数，而成员变量的作用域是整个类，当它们的名称相同时会引发冲突！可以使用 this 指针解决这个冲突。

每个类的成员函数都含有一个指向本类对象的指针，这个指针被称为“this”指针。在使用 this 指针访问当前对象的成员时，也使用箭头运算符。

this->
name
name
name

源文件的代码如下。

```
1  #include <iostream>
2  #include <string>
3  #include "./header_file/14.1.1.h"
4  using namespace std;
5  int main() {
6    //创建dog对象
7    Dog dog = Dog(5, "大黄", 'F');
8
9    //声明Dog指针类型的变量dog_ptr
10   Dog *dog_ptr = &dog;
11
12   dog_ptr->run();
13   dog_ptr->speak("汪！汪！");
14
15   return 0;
16 };
17
18 //定义构造函数
19 Dog::Dog(int age, string name, char gender) {
20   this->age = age;
21   this->name = name;
22   this->gender = gender;
```

通过 this 指针访问当前对象的成员变量

```
23  };
24
25  //定义函数
26  void Dog::run() {
27      cout << this->name + "在跑..." << endl;
28  }
29
30  //定义函数
31  void Dog::speak(string sound) {
32      cout << this->name + "在叫..." + sound << endl;
33      //调用run()函数
34      this->run();
35  }
```

通过 this 指针访问成员函数 run()

```
大黄在叫 ... 汪！汪！
大黄在跑 ...
```

编译后运行。

14.2 对象的动态创建与销毁

如果不再使用对象，则应该马上销毁它并释放内存。在 C++ 中可以使用 new 运算符（或称“关键字”）动态创建对象，用 delete 运算符销毁对象，这样可以提高内存利用率。

```
1  #include <string>
2  using namespace std;
3
4  //声明Dog类
5  class Dog {
6  public:
7        //声明成员变量
8        string name; //姓名
9        int age;      //年龄
10       char gender; //性别，'M'表示雄性，'F'表示雌性
11
12       //声明构造函数
13       Dog(int page, string pname, char pgender);
14
15       //声明析构函数
16       ~Dog();
17
18       //声明成员函数
19       void run();
20       void speak(string sound);
21 };
```

源文件的代码如下。

```
1  #include <iostream>
2  #include <string>
3  #include "./header_file/14.2.h"
4  using namespace std;
5  int main() {
6     //创建dog对象
7     Dog *dog= new Dog(5, "大黄", 'F');
8
```

在通过 new 运算符创建对象时，new 运算符会为对象开辟内存空间，系统会自动调用构造函数初始化对象的成员变量。注意：new 运算符并没有调用构造函数，只是开辟了内存空间，并把内存空间的地址返回

注意：由于 new 运算符返回的是所创建对象的内存地址，所以 dog 只能是指针类型

```
9     dog->run();
10    dog->speak("汪！汪！");
11    //销毁对象
12    delete dog;
13
14    return 0;
15  };
16
17  //定义构造函数
18  Dog::Dog(int age, string name, char gender) {
19    this->age = age;
20    this->name = name;
21    this->gender = gender;
22  };
23
24  //定义析构函数
25  Dog::~Dog()
26  {
27    cout << this->name << "！对象销毁。" << endl;
28  };
29  //定义函数
30  void Dog::run() {
31    cout << this->name + "在跑..." << endl;
32  }
33
34  //定义函数
35  void Dog::speak(string sound) {
36    cout << this->name + "在叫..." + sound << endl;
37  }
```

如果不再使用 dog 对象，则可以通过 delete 运算符销毁 dog 对象，在销毁 dog 对象时会调用析构函数 ~Dog()

编译后运行。

```
大黄在跑 ...
大黄在叫 ... 汪！汪！
大黄！对象销毁。
```

该信息是由析构函数打印的，说明析构函数已被调用

小贴士

对象有时也被称为“类的实例”，类创建对象的过程就是将类实例化的过程。例如，学生是一个类，它描述了一些信息，而张同学和李同学就是学生类的两个实例，即对象。

14.3 静态成员

静态成员就是类中所有实例（对象）共享的成员。

例如，张三的银行账户信息与李四的银行账户信息不同，张三的账户金额是1000元，李四的账户金额是2000元，但利率是“共享”（相同）的，这种共享的信息就被称为“静态成员”。

示例代码及解析如下。

```
1  #include <iostream>
2  #include <string>
3  using namespace std;
4
5  class Account {
6    double amount; //账户金额
7    string owner;  //账户名
8  public:
9    //声明静态成员变量
10   static double interestRate; //利率
11   //定义构造函数
12   Account(double amount, string owner) {
13     this->amount = amount;
14     this->owner = owner;
```

定义银行账户 Account 类

实例的成员变量，每个不同对象的该变量都是不同的

实例的成员变量，同 amount

通过 static 关键字声明静态成员变量 interestRate

```
15    }
16
17    //定义静态成员函数
18    static double getInterestRate(){
19      return interestRate;
20    }
21  };
22
23  //初始化静态成员变量
24  double Account::interestRate = 0.589;
25
26  int main() {
27    Account account1 = Account(1000, "张三");
28    Account account2 = Account(2000, "李四");
29    double rate1 = Account::interestRate;
30    double rate2 = Account::getInterestRate();
31
32    //改变静态成员变量
33    Account::interestRate++;
34    double rate3 = account1.getInterestRate();
35
36    cout << " rate1 = " << rate1 << endl;
37    cout << " rate2 = " << rate2 << endl;
38    cout << " rate3 = " << rate3 << endl;
39
40    return 0;
41  }
```

通过 static 关键字声明静态方法（即静态成员函数）getInterestRate()

初始化静态成员变量，可以通过类名 + "::" 运算符的形式访问静态成员变量。注意：必须在类体之外初始化静态成员变量

创建对象 account1

创建对象 account2

通过类名 + "::" 运算符的形式访问静态成员变量

通过类名 + "::" 运算符的形式访问静态成员函数

改变静态成员变量会影响所有实例

通过 account1 对象 + "." 运算符的形式访问静态成员函数

编译后运行。

```
rate1 = 0.589
rate2 = 0.589
rate3 = 1.589
```

通过类名访问静态成员变量返回的 rate1

通过类名访问静态成员函数返回的 rate2

通过实例访问静态成员变量返回的 rate3

1 静态成员变量是所有实例共享的，若改变静态成员变量，则所有实例都会受影响。

2 既可以通过类名 + “::”运算符的形式访问静态成员（包括成员变量和成员函数），也可以通过实例 + “.”运算符的形式访问静态成员。

静态成员是所有实例共享的，所以我们也将静态成员变量称为“类变量”，例如利率。将属于个体的变量称为“实例变量”，例如账户金额。

14.4 封装性

封装性是面向对象的三大特性之一，本节讲解封装性。

14.4.1 封装性的设计规范

面向对象设计的一种主要方法就是对类进行封装。对类进行封装的设计规范如下。

1 应该隐藏类的成员变量，在类的外部不能访问它。即没有特殊的理由，类的成员变量应该被定义为私有的。

2 要想在类的外部访问类的成员变量，就应该通过公有函数访问。

14.4.2 C++ 中封装性的实现

下面重点看看 14.3 节示例的以下部分：

```
   ......
 5 class Account {
 6   double amount; //账户金额
 7   string owner;  //账户名
 8 public:
 9   //声明静态成员变量
10   static double interestRate; //利率
```

public 声明了后面的成员变量和函数是公有的

```
11     //定义构造函数
12     Account(double amount, string owner) {
13       this->amount = amount;
14       this->owner = owner;
15     }
    ......
```

C++ 中的封装性是通过访问限定符（public、private 和 protected）实现的，如果在类的定义中既不指定 private，也不指定 public，则默认是 private。访问限定符可以限定成员变量、成员函数和构造函数。

public、private 和 protected 的具体区别如下。

在 C++ 中使用访问限定符的语法一般如下。

1　private：是私有的，它所限定的成员只能被这个类本身访问。

2　public：是公有的，它所限定的成员可以被所有类访问。

3　protected：是受保护的，它所限定的成员可以被它的所有子类继承。注意：继承也是另一种形式的访问。

```
class 类名
{
private:
    私有的数据和成员函数；
public:
    公有的数据和成员函数；
protected:
    受保护的数据和成员函数；
};
```

声明为 public、private 和 protected 的成员的顺序有限制吗？
没有。由于还没有讲解继承的知识，所以你可能还理解不了 protected。下面先看看如何使用 private 和 public。

头文件的代码如下。

```
1  #include <string>
2  using namespace std;
3
4  //声明类
5  class Student {
6      int age;
7  public: //声明以下部分是公用的
8      void display();
9      //声明构造函数
10     Student(int age, string name, char gender);
11
12 private: //声明以下部分是私有的
13     string name;
14     char gender;
15 };
```

没有声明任何访问限定符，所以是私有的

声明访问限定符 public，后面的成员是公有的，直到下一个访问限定符出现或类声明结束

display() 函数是公有的

构造函数也是公有的

声明访问限定符 private，后面的成员是私有的，直到下一个访问限定符出现或类声明结束

成员变量 name 是私有的

成员变量 gender 是私有的

源文件的代码如下。

```
1  #include <iostream>
2  #include <string>
3  #include "./header_file/14.4.2.h"
4  using namespace std;
5
6  void Student::display() {
7    cout << "年龄：" << this->age << endl;
8    cout << "姓名：" << this->name << endl;
9    cout << "性别：" << this->gender << endl;
10 };
11
12 Student::Student(int age, string name, char gender) {
13   this->age = age;
```

在类的内部可以访问成员变量 age

在类的内部可以访问成员变量 age

```
14     this->name = name;
15     this->gender = gender;
16 };
17
18 int main() {
19     Student *stud1 = new Student(18, "Tom", 'M');
20     stud1->display();
21     cout << "年龄: " << stud1->age << endl;
22     return 0;
23 }
```

试图在类的外部访问成员变量 age，引发编译错误

编译后运行。

E:\书备份\图书2022备份\看漫画学C++\cod…h14…4.2.cpp - Dev-C++ 5.16

文件(F) 编辑(E) 搜索(S) 视图(V) 项目(P) 运行(R) 工具(T) AStyle 窗口(W) 帮助(H)

项目 符号 调试 | 14.4.2.cpp

Student : class
main () : int

```
15
16 Student::Student(int age, string name, char gender) {
17     this->age = age;
18     this->name = name;
19     this->gender = gender;
20 };
21
22 int main() {
23     Student *stud1 = new Student(18, "Tom", 'M');
24     stud1->display();
25     cout << "年龄: " << stud1->age << endl;
26     return 0;
27 }
28
```

资源 编译信息 (4) 编译日志 调试 搜索结果 关闭

行	列	单元	信息
		E:\书备份\图书2022备份\看漫画学C++\...	在此函数中: 'int main()':
25	30	E:\书备份\图书2022备份\看漫画学C++\...	[错误] 'int Student::age' is private within this context
6		E:\书备份\图书2022备份\看漫画学C++\...	在被包含的文件中 从 E:\书备份\图书2022备份\看漫画学C++\cod...
8	9	E:\书备份\图书2022备份\看漫画学C++\...	[注解] declared private 这里

行: 21 列: 1 已选择: 0 总行数: 28 长度: 32 插入 在 0.359 秒内完成解析

14.5 继承性

在一个类中包含了若干成员变量和成员函数。在不同的类中，成员变量和成员函数是不同的。但有时两个类的内容基本相同或部分相同，这时将原来声明的类作为基础，再加上新的内容即可，可以减少工作量。

14.5.1 C++ 中类的继承性的实现

示例代码及解析如下。

```
1  #include <iostream>
2  #include <string>
3  using namespace std;
4
5  class Person {
6  private:
7    int age;
8
9  protected:
10   char gender;
11   void display(){
12     this->name = "张三";
13     this->age = 28;
14     this->gender = 'F';
15     cout << "年龄: " << age << endl;
16     cout << "姓名: " << name << endl;
17   }
18
19 public:
20   string name;
21 };
22
23 class Student : Person {
24 public:
25   void show() {
26     this->display();
27     cout << "性别: " << this->gender << endl;
28   }
29
30 private:
```

定义 Person 类

声明受保护的成员变量

声明受保护的成员函数

定义 Student 子类，它继承了 Person 类。注意：“:”之后是父类

display() 是从父类那里继承的函数

gender 是从父类那里继承的成员变量

```
31    int sno;        //学号
32    string school; //学校
33  };
34
35  int main() {
36    Student *stu = new Student();
37    stu->show();
38    return 0;
39  }
```

编译后运行。

```
年龄：28
姓名：张三
性别：F
```

14.5.2 调用父类的构造函数

因为在子类中也有自己的成员变量，所以也需要构造函数初始化这些成员变量，但需要注意以下两点。

1 对于父类的成员变量，需要调用父类的构造函数完成初始化。

2 对于子类的成员变量，需要在子类自己的构造函数中完成初始化。

```
1  #include <iostream>
2  #include <string>
3  using namespace std;
4  //定义Person
```

```
5  class Person
6  {
7  public:
8    int age;
9    string name;
10   Person(string name, int age) {
11     this->name = name;
12     this->age = age;
13   };
14
15 public:
16   void display() {
17     this->name = "张三";
18     this->age = 28;
19     cout << "年龄: " << age << endl;
20     cout << "姓名: " << name << endl;
21   }
22 };
23
24 //定义Student
25 class Student : public Person {
26 public:
27   int sno;       //学号
28   string school; //学校
29   Student(string school, int sno, string name, int age):Person(name, age) {
30     this->sno = sno;
31     this->school = school;
32   }
33 };
34
35 int main() {
36   Student *stu = new Student("清华大学", 100, "Guan", 18);
```

父类的构造函数

声明子类的构造函数，它有 4 个参数

声明调用父类的构造函数

初始化子类自己的成员变量

初始化子类自己的成员变量

```
37     stu->display();
38     return 0;
39  }
```

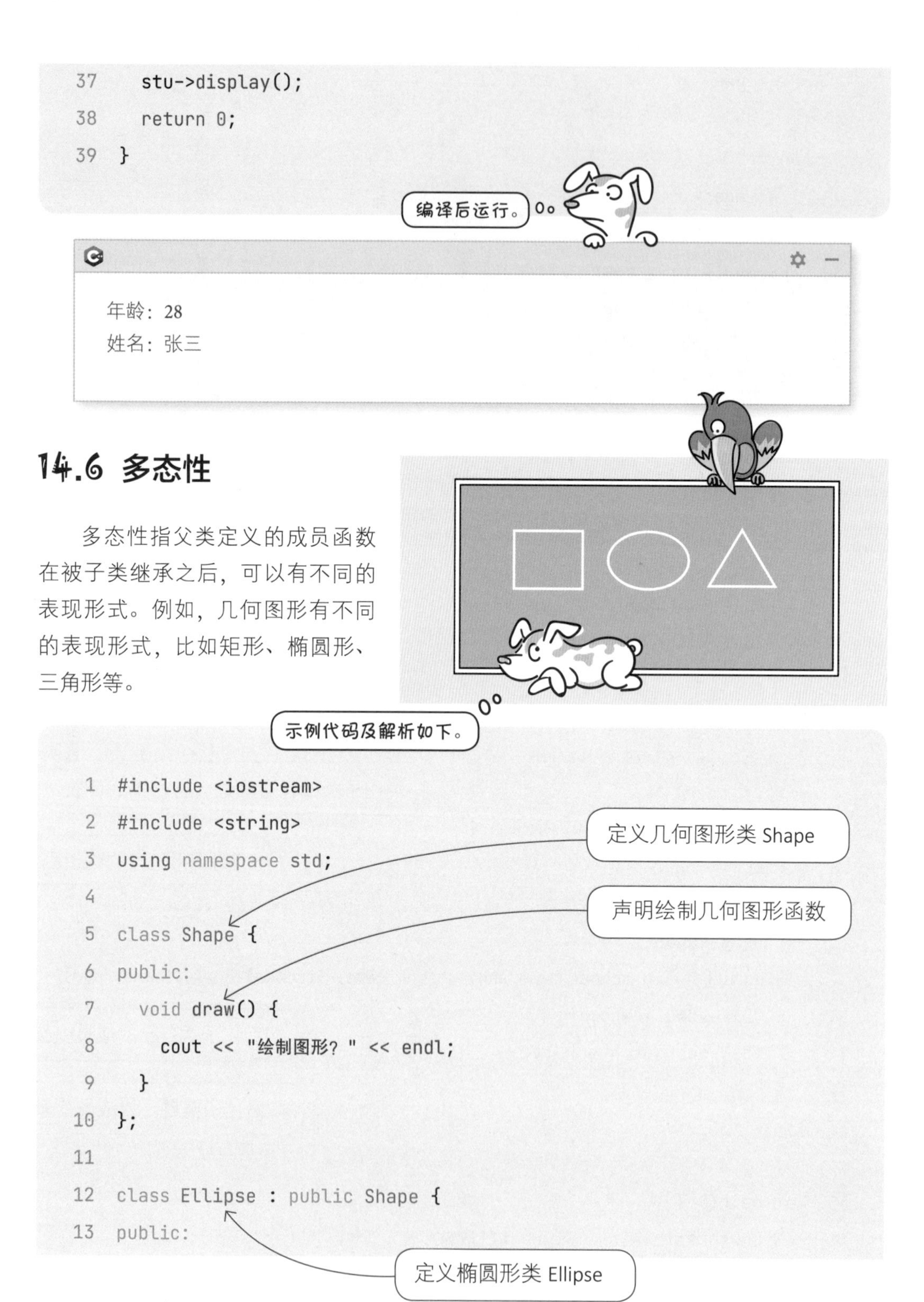
编译后运行。
年龄：28
姓名：张三
示例代码及解析如下。
定义几何图形类 Shape
声明绘制几何图形函数
定义椭圆形类 Ellipse

14.6 多态性

多态性指父类定义的成员函数在被子类继承之后，可以有不同的表现形式。例如，几何图形有不同的表现形式，比如矩形、椭圆形、三角形等。

```
1  #include <iostream>
2  #include <string>
3  using namespace std;
4
5  class Shape {
6  public:
7    void draw() {
8      cout << "绘制图形？" << endl;
9    }
10 };
11
12 class Ellipse : public Shape {
13 public:
```

```
14    void draw() {
15      cout << "绘制椭圆形" << endl;
16    }
17  };
18
19  class Triangle : public Shape {
20  public:
21    void draw() {
22      cout << "绘制三角形" << endl;
23    }
24  };
25
26  int main() {
27    Shape *g1, *g2; )
28    g1 = new Ellipse();)
29    g1->draw();
30
31    g2 = new Triangle();
32    g2->draw();
33
34    delete g1;
35    delete g2;
36    return 0;
37  }
```

在子类中也声明绘制几何图形函数

声明三角类 Triangle

在子类中也声明绘制几何图形函数

声明两个 Shape 对象指针变量

创建 Ellipse 对象 g1，类型是 Shape

创建 Triangle 对象 g2，类型是 Shape

销毁 g1 对象

销毁 g2 对象

编译后运行。

```
绘制图形？
绘制图形？
```

g1->draw() 语句事实上调用了父类 Shape 的 draw() 函数

g2->draw() 语句事实上调用了父类 Shape 的 draw() 函数

14.6.1 C++ 中多态性的实现

在上一节的示例中，虽然在两个子类中都有自己的 draw() 函数，但实际上调用的还是父类的 draw() 函数。这其实并未实现多态性，因为多态性要求子类在继承父类的成员函数后，应该有不同的表现形式。为真正实现多态性，需要在函数前加上 virtual 关键字。

声明 draw() 函数是虚函数

```
1  #include <iostream>
2  #include <string>
3  using namespace std;
4  class Shape
5  {
6  public:
7    virtual void draw() {
8      cout << "绘制图形？" << endl;
9    }
10 };
11
12 class Ellipse : public Shape {
13 public:
14   void draw() {
15     cout << "绘制椭圆形" << endl;
16   }
17 };
18
19 class Triangle : public Shape {
20 public:
21   void draw(){
22     cout << "绘制三角形" << endl;
```

```
23    }
24  };
25
26  int main() {
27    Shape *g1, *g2;
28    g1 = new Ellipse();
29    g1->draw();
30
31    g2 = new Triangle();
32    g2->draw();
33    delete g1;
34    delete g2;
35    return 0;
36  }
```

从运行结果可见，调用的 draw() 函数是子类中的函数

编译后运行。

```
绘制椭圆形
绘制三角形
```

14.6.2 纯虚函数

在上一节的示例中，父类 Shape 中的虚函数 draw() 虽然有函数体，但是不会被调用。其实，我们可以将虚函数 draw() 声明为纯虚函数。纯虚函数是没有函数体的，不需要编写执行的代码。

```
1  #include <iostream>
2  #include <string>
3  using namespace std;
4  class Shape {
5  public:
```

```
 6  //声明纯虚函数
 7    virtual void draw() = 0;
 8  };
 9
10  class Ellipse : public Shape {
11  public:
12    void draw() {
13      cout << "绘制椭圆形" << endl;
14    }
15  };
16
17  class Triangle : public Shape {
18  public:
19    void draw() {
20      cout << "绘制三角形" << endl;
21    }
22  };
23
24  int main() {
25    Shape *g1, *g2;
26    g1 = new Ellipse();
27    g1->draw();
28
29    g2 = new Triangle();
30    g2->draw();
31
32    delete g1;
33    delete g2;
34
35    return 0;
36  }
```

纯虚函数没有函数体，且设置函数值等于零

编译后运行。

```
绘制椭圆形
绘制三角形
```

14.7 练一练

1. 假设有一个 Person 类，下列哪些选项可以成功创建 Person 对象？（　　）

   A. Person p1;

   B. Person() p1;

   C. Person p1 = Person();

   D. Person *p1 = new Person();

2. 在下列关键字中哪些能够起到封装作用？（　　）

   A. public

   B. private

   C. protected

   D. this

3. 在下列关键字中哪些表示自身对象？（　　）

   A. self

   B. this

   C. This

   D. super

4. 下列哪些选项声明了虚函数？（　　）

   A. virtual void add()

   B. void add()

   C. virtual void add() = 0

   D. public void add()

5. 判断对错：在 C++ 中可以使用 new 运算符动态创建对象，使用 delete 运算符销毁对象。（　　）

6. 编程题：请按照如下类图实现 3 个类，其中 Vehicle（车辆）类有两个子类：Bus（公共汽车）和 Car（小汽车），show() 函数用于显示车辆信息，成员变量 maker 保存了车辆制造商的信息。

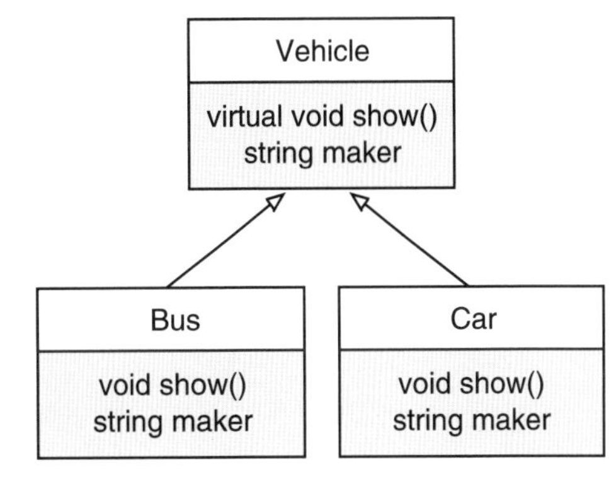

提示：类图描述软件系统的静态结构，其中，空心箭头指向的是父类，箭头末端的是子类。

附录A
“练一练”参考答案

第1章

①参考答案：

```
#include <iostream>

int main() {
    std::cout << "你好，世界！" << std::endl;
    return 0;
}
```

②参考答案：

可以在“命令提示符”窗口执行“g++ greeting.cpp-o greeting.exe”命令。

第2章

①答案：AD

解析：if 和 while 是 C++ 中的关键字，用于条件语句和循环语句；Then 和 Goto 不是 C++ 中的关键字。

②答案：BCD

解析：合法标识符不能以数字为开头，不能包含“#”这样的符号。

③答案：CD

解析：using 用于引入命名空间中的标识符；namespace 用于定义命名空间。

④答案：B

解析：“::”用于访问命名空间中的成员；“.”用于访问类的非静态成员。

⑤答案：A× B√ C√ D√ E√

解析：在 C++ 中，一行代码表示一条语句，但是在语句结束时需要加上分号。

第3章

①答案：A

解析：在选项 B 中试图将字符串赋值给 char 类型，会发生警告或错误；在选项 C 中，257 无法被隐式转换为 char 类型（通常为 1 字节），会发生警告或错误；在选项 D 中，Int 应该首字母小写，否则会导致编译错误。

②答案：A

③答案：B

解析：在 C++ 中用 bool 关键字声明布尔型变量，Boolean 不是 C++ 中的原生数据类型。

④答案：A√ B×

解析：将整型变量与浮点型变量进行计算，结果通常是浮点数。

⑤参考答案：

```
#include <iostream>

int main() {
```

```
    int result = 7 / 5;  //整数除法运算，结果保留整数部分，舍弃小数部分
    std::cout << "整数7除以整数5的结果是：" << result << std::endl;

    return 0;
}
```

⑥参考答案：

```
#include <iostream>

int main() {
    double result = 7.0 / 5;   //7.0是浮点数，执行浮点数除法运算，结果保留小数
    std::cout << "小数7.0除以整数5的结果是：" << result << std::endl;

    return 0;
}
```

第4章

①答案：BD

解析：选项 A 是比较运算语句，不是赋值语句；在选项 C 中有连续的赋值，这是不对的。

②答案：C

解析：选项 C 是赋值语句，但字符型数据不能被赋值。

③答案：D

解析："a += a-= a * a;"的执行过程：首先，运算 a * a 即 2 * 2 得到 4；然后运算 a-= 4，a 的值变为 -2；最后，运算 a +=-2，a 的值变为 -4。

④答案：AD

⑤参考答案：

```
#include <iostream>

int main() {
    int num1, num2, num3;

    std::cout << "请输入三个整数：" << std::endl;
    std::cin >> num1 >> num2 >> num3;

    int maxNum = (num1 > num2) ? ((num1 > num3) ? num1 : num3) : ((num2 >
num3) ? num2 : num3);

    std::cout << "最大的整数是：" << maxNum << std::endl;

    return 0;
}
```

⑥参考答案：

```
#include <iostream>

int main() {
    int num;

    std::cout << "请输入一个整数：" << std::endl;
    std::cin >> num;

    std::string result = (num % 2 == 0) ? "偶数" : "奇数";

    std::cout << num << " 是" << result << std::endl;

    return 0;
}
```

第5章

①答案：B

②答案：D

解析：因为 a 的初始值是 3，b 的初始值是 4，a < b 成立，所以 x 的值会递增 1，变为 6。

③答案：BC

解析：switch 语句后的表达式计算结果不能是浮点数或字符串。

④答案：A

解析：由于 a < b 为真，所以整个条件语句为真，a++ < ++x 不会被执行，a 的值不变。

⑤参加答案：

```
#include <iostream>

int main() {
    int num;

    std::cout << "请输入一个整数：" << std::endl;
    std::cin >> num;

    if (num % 2 == 0) {
        std::cout << num << " 是偶数。" << std::endl;
    } else {
        std::cout << num << " 是奇数。" << std::endl;
    }

    return 0;
}
```

⑥参考答案：

```
#include <iostream>

int main() {
    int a, b;

    std::cout << "请输入两个整数：" << std::endl;
    std::cin >> a >> b;

    std::cout << "交换前：a = " << a << ", b = " << b << std::endl;

    //交换a和b的值
    int temp = a;
    a = b;
    b = temp;

    std::cout << "交换后：a = " << a << ", b = " << b << std::endl;

    return 0;
}
```

第6章

①答案：B

②答案：ADE

解析：当 i 等于 j 时，会执行 continue 语句，跳过本循环，继续下一个循环。输出结果如下：

i=0 j=3

i=0 j=2

i=0 j=1

i=1 j=3

i=1 j=2

i=1 j=0

i=2 j=3

i=2 j=1

i=2 j=0

③答案：CD

解析：do-while 循环会先输出“i = 0”，然后检查循环条件是否成立。由于 i 的初始值是 0，执行 --i 操作后，变为 -1，所以“--i > 0”循环条件不成立，do-while 循环结束，接着执行 cout 语句，输出“完成”。

④答案：A× B×

解析：在编程实践中通常不鼓励过多使用 goto 语句，因为它可能导致代码结构混乱，难以维护和理解。另外，goto、break、continue 语句不同：goto 语句是无条件跳转语句，break 语句用于终止循环或 switch 语句，continue 语句用于跳过本循环，继续下一个循环。

⑤参考答案：

```
#include <iostream>

int main() {
    double numbers[] = {23.4, -34.5, 50.0, 33.5, 155.5, -66.5};
    int size = sizeof(numbers) / sizeof(numbers[0]);

    double maxNumber = numbers[0];

    for (int i = 1; i < size; ++i) {
        if (numbers[i] > maxNumber) {
            maxNumber = numbers[i];
```

```
        }
    }

    std::cout << "最大值是：" << maxNumber << std::endl;

    return 0;
}
```

⑥参考答案：

```
#include <iostream>

int main() {
    int num;
    bool isPrime = true;

    std::cout << "请输入一个整数：" << std::endl;
    std::cin >> num;

    for (int i = 2; i <= num / 2; ++i) {
        if (num % i == 0) {
            isPrime = false;
            break;
        }
    }

    if (isPrime) {
        std::cout << num << " 是素数。" << std::endl;
    } else {
        std::cout << num << " 不是素数。" << std::endl;
    }

    return 0;
}
```

⑦参考答案：

```
#include <iostream>

int main() {
    int n, sum = 0;

    std::cout << "请输入一个整数n: " << std::endl;
    std::cin >> n;

    for (int i = 0; i <= n; ++i) {
        sum += i;
    }

    std::cout << "0 到 " << n << " 的和是: " << sum << std::endl;

    return 0;
}
```

第7章

①答案：B

解析：选项 A 声明了一个字符串数组；选项 C 语法错误，应改为 int a[2]；选项 D 语法错误，应改为 int a[] 或 int a[*x*]，*x* 为数组的长度。

②答案：AD

解析：选项 B 中的 new 关键字不能用于初始化数组；在选项 C 中应该使用大括号 {}。

③答案：ABC

解析：原子性是数据库事务的特性，与数组无关。

④答案：A× B×

解析：对于选项 A，标准数组的长度通常是固定的，std::vector 类用于表示动态数组，允许动态调整数组的大小；对于选项 B，数组中元素的索引通常是从 0 开始的，例如第 1 个元素的索引是 0，第 2 个元素的索引是 1，以此类推。

⑤参考答案：

```
#include <iostream>

int main() {
    int n;

    //从控制台输入整数n
    std::cout << "请输入整数n：";
    std::cin >> n;

    //声明有n个元素的整型数组
    int myArray[n];

    //可以在这里对数组进行操作

    return 0;
}
```

⑥答案：153 370 371 407

```
#include <iostream>
#include <cmath>

int main() {
    const int size = 1000;
    int narcissisticNumbers[size];

    //初始化数组
```

```
    for (int i = 0; i < size; ++i) {
        narcissisticNumbers[i] = i;
    }

    //计算水仙花数
    for (int num : narcissisticNumbers) {
        int originalNum = num;
        int sum = 0;

        while (num > 0) {
            int digit = num % 10;
            sum += std::pow(digit, 3);
            num /= 10;
        }

        if (sum == originalNum) {
            std::cout << originalNum << " 是水仙花数。" << std::endl;
        }
    }

    return 0;
}
```

第8章

①答案：ABC

解析：选项 A 使用字符数组正确定义了一个字符串；选项 B 使用 std::string 类正确定义了一个字符串；选项 C 在使用“using namespace std;”后，可以用 string 表示 std::string；选项 D 错误，因为 char 类型的变量只能保存单个字符，不能保存字符串。

②答案：ABD

解析：substr() 函数用于截取子字符串，不能用于拼接字符串。

③答案：AB

解析：substr() 函数用于截取子字符串，append() 函数用于拼接字符串。

④答案：A √ B ×

解析：C/C++ 中的单引号（' '）表示字符，不能用来表示字符串。对于字符串，需要使用双引号（" "）或字符串类型 std::string 来表示。

⑤参考答案：

```
#include <iostream>
#include <string>

int main() {
    //从控制台读取移动电话号码
    std::cout << "请输入移动电话号码（11位）：";
    std::string phoneNumber;
    std::cin >> phoneNumber;

    //确保输入的移动电话号码长度为11位
    if (phoneNumber.length() != 11) {
        std::cerr << "错误：请输入11位移动电话号码。" << std::endl;
        return 1;
    }

    //获取移动电话号码的前三位
    std::string prefix = phoneNumber.substr(0, 3);

//将移动电话号码的前三位与已知的运营商前缀进行比较
//若匹配，则输出相应的运营商名称
```

```
    if (prefix == "136" || prefix == "137" || prefix == "138" || prefix ==
"139") {
        std::cout << "中国移动" << std::endl;
     } else if (prefix == "150" || prefix == "151" || prefix == "152" ||
prefix == "153") {
        std::cout << "中国联通" << std::endl;
     } else if (prefix == "170" || prefix == "171" || prefix == "173" ||
prefix == "175" || prefix == "176" || prefix == "177" || prefix == "178")
{
        std::cout << "中国电信" << std::endl;
    } else {
        std::cout << "未知运营商" << std::endl;  //与已知的运营商前缀都不匹配
    }  //在实际情况下可能需要更多的前缀和更复杂的逻辑来确保其准确性

    return 0;
}
```

⑥参考答案：

```
#include <iostream>
#include <string>

int main() {
    //从控制台读取输入的字符串
    std::cout << "请输入一个字符串：";
    std::string inputString;
    std::getline(std::cin, inputString);
    //使用std::getline()函数获取包含空格的输入字符串

    //获取字符串的长度
    std::size_t length = inputString.length();

    //通过for循环翻转字符串
```

```
    for (std::size_t i = 0; i < length / 2; ++i) {
        std::swap(inputString[i], inputString[length - i - 1]);
    }

    //输出翻转后的字符串
    std::cout << "翻转后的字符串: " << inputString << std::endl;

    return 0;
}
```

第9章

①答案：ABD

解析：在 C++ 中声明指针变量不受空格位置的影响，星号（*）表示这是一个指针，应该将星号放在类型和变量名之间，而不是放在类型前面。

②答案：AB

解析：选项 C 和选项 D 用于对变量 a 进行间接引用（解引用），而不是获取其地址。

③答案：A√ B√

④答案：155.5

参考代码：

```
#include <iostream>

int main() {
    //给定数组，这里假设数组不为空。如果数组可能为空，则需要添加相应的检查语句
    double arr[] = {23.4, -34.5, 50.0, 33.5, 155.5, -66.5};
```

```
    //初始化指针并使其指向数组的第1个元素
    double *ptr = arr;

    //初始化最大值为数组的第1个元素
    double maxVal = *ptr;

    //遍历数组，找到最大值并更新最大值
    for (int i = 1; i < sizeof(arr) / sizeof(arr[0]); ++i) {
        if (*(ptr + i) > maxVal) {
            maxVal = *(ptr + i);
        }
    }

    //输出最大值
    std::cout << "数组的最大值是: " << maxVal << std::endl;

    return 0;
}
```

第10章

①答案：BCD

解析：选项 A 缺少参数的类型。

②答案：A× B× C√ D√ E√

解析：对于选项 A，枚举中的成员默认从 0 开始逐个加 1；对于选项 B，联合是不同类型的数据共享相同的内存空间的数据集合；对于选项 C，结构体中的每个成员在内存中都是独立的，有各自的内存空间。

③参考答案：

```
#include <iostream>
#include <string>

//定义了包含员工编号和员工姓名的Employee结构体
struct Employee {
    int employeeID;
    std::string employeeName;
    //可以添加其他员工信息的成员
};

int main() {
    //声明并初始化第1个员工变量emp1，赋予其员工信息
    Employee emp1;
    emp1.employeeID = 1;
    emp1.employeeName = "John Doe";

    //声明并初始化第2个员工变量emp2，赋予其员工信息
    Employee emp2;
    emp2.employeeID = 2;
    emp2.employeeName = "Jane Doe";

    //输出员工信息
    std::cout << "员工1信息：" << std::endl;
    std::cout << "员工编号：" << emp1.employeeID << std::endl;
    std::cout << "员工姓名：" << emp1.employeeName << std::endl;

    std::cout << "\n员工2信息：" << std::endl;
    std::cout << "员工编号：" << emp2.employeeID << std::endl;
    std::cout << "员工姓名：" << emp2.employeeName << std::endl;

    return 0;
}
```

第11章

①答案：BCD

解析：在选项 A 中没有指定参数的类型。

②答案：ABC

解析：返回值类型不能作为重载函数的区分标准。重载两个整数相加的函数，必须函数名相同，通过参数的类型或数量来区分这两个函数。

③答案：A√ B√

④参考答案：

```
#include <iostream>

//计算矩形面积的函数
double getArea(double height, double width) {
    return height * width;
}

int main() {
    //从控制台输入矩形的高和宽
    double height, width;
    std::cout << "请输入矩形的高：";
    std::cin >> height;
    std::cout << "请输入矩形的宽：";
    std::cin >> width;

    //调用getArea()函数计算矩形面积并输出
    double area = getArea(height, width);
    std::cout << "矩形的面积为：" << area << std::endl;
```

```
    return 0;
}
```

⑤参考答案：

```
#include <iostream>

//比较两个数字是否相等的函数
bool isEquals(double num1, double num2) {
    return num1 == num2;
}

int main() {
    //从控制台输入两个数字
    double num1, num2;
    std::cout << "请输入第一个数字：";
    std::cin >> num1;
    std::cout << "请输入第二个数字：";
    std::cin >> num2;

    //调用isEquals()函数比较两个数字是否相等并输出结果
    if (isEquals(num1, num2)) {
        std::cout << "两个数字相等。" << std::endl;
    } else {
        std::cout << "两个数字不相等。" << std::endl;
    }

    return 0;
}
```

第12章

①答案：B

解析：选项 A 没有指定向量类型，是错误的声明；选项 C 声明了一个整型向量，不是字符串向量；选项 D 没有用尖括号指定具体类型。

②答案：A

解析：选项 B 是一个字符串二维向量；选项 C 中的双尖括号属于语法错误；选项 D 缺少匹配的尖括号。

③答案：D

解析：对于选项 A，vector 没有 add() 这一方法；对于选项 B，pop_back() 是删除向量中最后一个元素的方法；对选项 C，vector 没有 append() 这一方法。

④答案：×

解析：在 C++ 标准库中，vector 确实类似于动态数组，但是与静态数组不同，vector 允许动态调整其大小。一旦初始化，vector 的大小就是可以改变的。vector 可动态分配内存，通过添加或删除元素来改变其大小。

⑤参考答案：

```
#include <iostream>
#include <vector>
#include <string>

//员工结构体
struct Employee {
    int employeeID;
    std::string employeeName;
    //可以添加其他员工信息的成员
};
```

```
int main() {
    //声明5个Employee变量
    Employee emp1 = {1, "John Doe"};
    Employee emp2 = {2, "Jane Doe"};
    Employee emp3 = {3, "Alice"};
    Employee emp4 = {4, "Bob"};
    Employee emp5 = {5, "Charlie"};

    //将员工变量放入向量中
    std::vector<Employee> employeeVector;
    employeeVector.push_back(emp1);
    employeeVector.push_back(emp2);
    employeeVector.push_back(emp3);
    employeeVector.push_back(emp4);
    employeeVector.push_back(emp5);

    //遍历向量并输出员工信息
    std::cout << "员工信息: " << std::endl;
    for (const auto& emp : employeeVector) {
        std::cout << "员工编号: " << emp.employeeID << ", ";
        std::cout << "员工姓名: " << emp.employeeName << std::endl;
    }

    return 0;
}
```

第13章

①答案：ABC

解析：一致性并不是面向对象的基本特征。

②答案：ABCD

③答案：AB

解析：对于选项 C，构造函数不需要显式指定返回类型，包括 void，因为构造函数的任务是初始化对象，而不是返回值；对于选项 D，在创建对象时会自动调用构造函数，不需要显式使用 new 关键字调用构造函数。

④答案：ABCDE

⑤答案：√

解析：在一般情况下，对类的声明是在头文件（.h 或 .hpp 文件）中进行的，对类的定义是在源文件（.cpp 文件）进行中的。这是一种常见的代码组织方式，有助于实现模块化的代码结构和提高代码的可维护性。

⑥参考答案：

```
#include <iostream>
#include <string>

class Employee {
private:
    int employeeID;
    std::string employeeName;

public:
    //构造函数
```

```
    Employee(int id, const std::string& name) : employeeID(id),
employeeName(name) {}

    //成员函数，用于获取员工编号
    int getEmployeeID() const {
        return employeeID;
    }

    //成员函数，用于获取员工姓名
    std::string getEmployeeName() const {
        return employeeName;
    }
};

int main() {
    //创建两个Employee对象
    Employee emp1(101, "John Doe");
    Employee emp2(102, "Jane Smith");

    //输出员工信息
    std::cout << "Employee 1 ID: " << emp1.getEmployeeID() << ", Name: "
<< emp1.getEmployeeName() << std::endl;
    std::cout << "Employee 2 ID: " << emp2.getEmployeeID() << ", Name: "
<< emp2.getEmployeeName() << std::endl;

    return 0;
}
```

解析：在这个例子中，Employee 类包含私有成员 employeeID 和 employeeName，并提供公有的构造函数和成员函数用于获取员工的编号和姓名。在 main() 函数中创建了两个 Employee 对象（emp1 和 emp2），并使用成员函数获取和输出员工的信息。

第14章

①答案：ACD

解析：选项 B 语法错误，应将其改成“Person p1;”。

②答案：BC

解析：封装的意义在于隐藏类的实现细节，只向外部暴露简单的公共接口。对于选项 A，public 代表公共访问权限，表示类的公共接口，不能起到封装作用；对于选项 D，this 代表非访问权限相关，不能起到封装作用。

③答案：B

解析：对于选项 A，self 在某些面向对象语言中表示自身对象，但在 C++ 中并未定义 self 关键字；对于选项 C，在 C++ 中并未定义 This 关键字；对于选项 D，super 表示父类对象，不表示当前对象自身。

④答案：AC

解析：在选项 B 中没有 virtual 关键字；在选项 D 中，public 只是访问权限修饰符。

⑤答案：√

⑥参考答案：

```
#include <iostream>
#include <string>

class Vehicle {
protected:
    std::string maker;  //制造商信息

public:
    Vehicle(const std::string& maker) : maker(maker) {}
```

```
    virtual void show() const {
        std::cout << "车辆 - 制造商: " << maker << std::endl;
    }
};

class Bus : public Vehicle {
private:
    int passengerCapacity;  //乘客容量

public:
    Bus(const std::string& maker, int capacity) : Vehicle(maker),
passengerCapacity(capacity) {}

    void show() const override {
        std::cout << "公共汽车 - 制造商: " << maker << ", 乘客容量: " <<
passengerCapacity << " 人" << std::endl;
    }
};

class Car : public Vehicle {
private:
    int seatingCapacity;  //座位容量

public:
    Car(const std::string& maker, int capacity) : Vehicle(maker),
seatingCapacity(capacity) {}

    void show() const override {
        std::cout << "小汽车 - 制造商: " << maker << ", 座位容量: " <<
seatingCapacity << " 人" << std::endl;
    }
```

```
};

int main() {
    Vehicle vehicle("通用制造商");
    Bus bus("公交汽车制造商", 50);
    Car car("汽车制造商", 5);

    vehicle.show();
    bus.show();
    car.show();

    return 0;
}
```

解析：在这个例子中，Vehicle 类是父类，Bus 类和 Car 类是其子类。每个类都有一个构造函数，用于初始化成员变量，并且 show() 函数被声明为虚函数，以便在子类中进行覆盖。这样，我们就可以根据需要在子类中定制 show() 函数的实现。在 main() 函数中创建了一个父类对象和两个子类对象，并调用它们的 show() 函数来展示车辆信息。